· *From Being to Becoming* ·

本书描述了时间演化的历史。

自有西方科学以来，时间问题一直是一个挑战，它曾与牛顿时代的变革密切相连……现在，它依然伴随着我们。

——普里戈金

普里戈金创立的理论，打破了化学、生物学领域和社会科学领域之间的隔绝，使之建立起了新的联系。他的著作还以优雅明畅而著称，使他获得了"热力学诗人"的美称。

——1977年诺贝尔化学奖颁奖词

普里戈金和他的布鲁塞尔学派的工作可能很好地代表了下一次的科学革命。因为他们的工作不但与自然，而且甚至与社会开始了新的对话。

——《第三次浪潮》作者阿尔文·托夫勒

入选全国中小学生阅读指导目录

科学元典丛书·学生版

The Series of the Great Classics in Science

主　　编　任定成

执行主编　周雁翎

策　　划　周雁翎

丛书主持　陈　静　张亚如

科学元典是科学史和人类文明史上划时代的丰碑，是人类文化的优秀遗产，是历经时间考验的不朽之作。它们不仅是伟大的科学创造的结晶，而且是科学精神、科学思想和科学方法的载体，具有永恒的意义和价值。

科学元典丛书·学生版

从存在到演化

·学生版·

（附阅读指导、数字课程、思考题、阅读笔记）

［比利时］普里戈金 著　沈小峰 曾庆宏 严士健 马本堃 译

北京大学出版社

PEKING UNIVERSITY PRESS

图书在版编目（CIP）数据

从存在到演化：学生版/（比）普里戈金著；沈小峰等译. —北京：北京大学出版社，2021.4
（科学元典丛书）
ISBN 978-7-301-31948-2

Ⅰ.①从… Ⅱ.①普…②沈… Ⅲ.①耗散结构—青少年读物②非平衡统计理论—青少年读物 Ⅳ.①O414.22-49

中国版本图书馆 CIP 数据核字（2021）第 005119 号

书　　　名	从存在到演化（学生版）
	CONG CUNZAI DAO YANHUA（XUESHENG BAN）
著作责任者	［比利时］普里戈金 著　沈小峰　曾庆宏　严士健　马本堃 译
丛书主持	陈　静　张亚如
责任编辑	张亚如
标准书号	ISBN 978-7-301-31948-2
出版发行	北京大学出版社
地　　　址	北京市海淀区成府路 205 号　100871
网　　　址	http://www.pup.cn　新浪微博:@北京大学出版社
微信公众号	科学元典（微信公众号：kexueyuandian）
电子信箱	zyl@pup.pku.edu.cn
电　　　话	邮购部 010-62752015　发行部 010-62750672
	编辑部 010-62753056
印　刷　者	北京中科印刷有限公司
经　销　者	新华书店
	787 毫米×1092 毫米　32 开本　7.25 印张　110 千字
	2021 年 4 月第 1 版　2021 年 4 月第 1 次印刷
定　　　价	38.00 元

弁　言

Preface to the Series of the Great Classics in Science

任定成

中国科学院大学 教授

一

　　改革开放以来,我国人民生活质量的提高和生活方式的变化,使我们深切感受到技术进步的广泛和迅速。在这种强烈感受背后,是科技产出指标的快速增长。数据显示,我国的技术进步幅度、制造业体系的完整程度,专利数、论文数、论文被引次数,等等,都已经排在世界前列。但是,在一些核心关键技术的研发和战略性产品的生产方面,我国还比较落后。这说明,我国的技术进步赖以依靠的基础研究,亟待加强。为此,我国政府和科技界、教育界以及企业界,都在不断大声疾呼,要加强基础研究、加强基础教育!

那么,科学与技术是什么样的关系呢?不言而喻,科学是根,技术是叶。只有根深,才能叶茂。科学的目标是发现新现象、新物质、新规律和新原理,深化人类对世界的认识,为新技术的出现提供依据。技术的目标是利用科学原理,创造自然界原本没有的东西,直接为人类生产和生活服务。由此,科学和技术的分工就引出一个问题:如果我们充分利用他国的科学成果,把自己的精力都放在技术发明和创新上,岂不是更加省力?答案是否定的。这条路之所以行不通,就是因为现代技术特别是高新技术,都建立在最新的科学研究成果基础之上。试想一下,如果没有训练有素的量子力学基础研究队伍,哪里会有量子技术的突破呢?

那么,科学发现和技术发明,跟大学生、中学生和小学生又有什么关系呢?大有关系!在我们的教育体系中,技术教育主要包括工科、农科、医科,基础科学教育主要是指理科。如果我们将来从事科学研究,毫无疑问现在就要打好理科基础。如果我们将来是以工、农、医为业,现在打好理科基础,将来就更具创新能力、发展潜力和职业竞争力。如果我们将来做管理、服务、文学艺术等看似与科学技术无直接关系的工作,现在打好理科基础,就会有助于深入理解这个快速变化、高度技术化的社会。

我们现在要建设世界科技强国。科技强国"强"在哪里?不是"强"在跟随别人开辟的方向,或者在别人奠定的基础上,做一些模仿性的和延伸性的工作,并以此跟别人比指标、拼数量,而是要源源不断地贡献出影响人类文明进程的原创性成果。这是用任何现行的指标,包括诺贝尔奖项,都无法衡量的,需要培养一代又一代具有良好科学素养的公民来实现。

二

我国的高等教育已经进入普及化阶段,教育部门又在扩大专业硕士研究生的招生数量。按照这个趋势,对于高中和本科院校来说,大学生和硕士研究生的录取率将不再是显示办学水平的指标。可以预期,在不久的将来,大学、中学和小学的教育将进入内涵发展阶段,科学教育将更加重视提升国民素质,促进社会文明程度的提高。

公民的科学素养,是一个国家或者地区的公民,依据基本的科学原理和科学思想,进行理性思考并处理问题的能力。这种能力反映在公民的思维方式和行为方式上,而不是通过统计几十道测试题的答对率,或者统计全国统考成绩能够表征的。一些人可能在科学素养测评卷上答对全部问题,但经常求助装神弄鬼的"大师"和各种迷信,能说他们的科学素养高吗?

曾经,我们引进美国测评框架调查我国公民科学素养,推动"奥数"提高数学思维能力,参加"国际学生评估项目"(Programme for International Student Assessment,简称 PISA)测试,去争取科学素养排行榜的前列,这些做法在某些方面和某些局部的确起过积极作用,但是没有迹象表明,它们对提高全民科学素养发挥了大作用。题海战术,曾经是许多学校、教师和学生的制胜法宝,但是这个战术只适用于衡量封闭式考试效果,很难说是提升公民科学素养的有效手段。

为了改进我们的基础科学教育,破除题海战术的魔咒,我们也积极努力引进外国的教育思想、教学内容和教学方法。为了激励学生的好奇心和学习主动性,初等教育中加强了趣味性和游戏手段,但受到"用游戏和手工代替科学"的诟病。在中小学普遍推广的所谓"探究式教学",其科学观基础,是 20 世纪五六十年代流行的波普尔证伪主义,它把科学探究当成了一套固定的模式,实际上以另一种方式妨碍了探究精神的培养。近些年比较热闹的 STEAM 教学,希望把科学、技术、工程、艺术、数学融为一体,其愿望固然很美好,但科学课程并不是什么内容都可以糅到一起的。

在学习了很多、见识了很多、尝试了很多丰富多彩、眼花缭乱的"新事物"之后,我们还是应当保持定力,重新认识并倚重我们优良的教育传统:引导学生多读书,好读书,读好书,包括科学之书。这是一种基本的、行之有效的、永不过时的教育方式。在当今互联网时代,面对推送给我们的太多碎片化、娱乐性、不严谨、无深度的瞬时知识,我们尤其要静下心来,系统阅读,深入思考。我们相信,通过持之以恒的熟读与精思,一定能让读书人不读书的现象从年轻一代中消失。

三

科学书籍主要有三种:理科教科书、科普作品和科学经典著作。

教育中最重要的书籍就是教科书。有的人一辈子对科学的了解,都超不过中小学教材中的东西。有的人虽然没有认真读过理科教材,只是靠听课和写作业完成理科学习,但是这些课的内容是老师对教材的解读,作业是训练学生把握教材内容的最有效手段。好的学生,要学会自己阅读钻研教材,举一反三来提高科学素养,而不是靠又苦又累的题海战术来学习理科课程。

理科教科书是浓缩结晶状态的科学,呈现的是科学的结果,隐去了科学发现的过程、科学发展中的颠覆性变化、科学大师活生生的思想,给人枯燥乏味的感觉。能够弥补理科教科书欠缺的,首先就是科普作品。

学生可以根据兴趣自主选择科普作品。科普作品要赢得读者，内容上靠的是有别于教材的新材料、新知识、新故事；形式上靠的是趣味性和可读性。很少听说某种理科教科书给人留下特别深刻的印象，倒是一些优秀的科普作品往往影响人的一生。不少科学家、工程技术人员，甚至有些人文社会科学学者和政府官员，都有过这样的经历。

当然，为了通俗易懂，有些科普作品的表述不够严谨。在讲述科学史故事的时候，科普作品的作者可能会按照当代科学的呈现形式，比附甚至代替不同文化中的认识，比如把中国古代算学中算法形式的勾股关系，说成是古希腊和现代数学中公理化形式的"勾股定理"。除此之外，科学史故事有时候会带着作者的意识形态倾向，受到作者的政治、民族、派别利益等方面的影响，以扭曲的形式出现。

科普作品最大的局限，与教科书一样，其内容都是被作者咀嚼过的精神食品，就失去了科学原本的味道。

原汁原味的科学都蕴含在科学经典著作中。科学经典著作是对某个领域成果的系统阐述，其中，经过长时间历史检验,被公认为是科学领域的奠基之作、划时代里程碑、为人类文明做出巨大贡献者,被称为科学元典。科学元典是最重要的科学经典,是人类历史上最杰出的科学家撰写的,反映其独一无二的科学成就、科学思想和科学方法的作品,值得后人一代接一代反复品味、常读常新。

科学元典不像科普作品那样通俗,不像教材那样直截了当,但是,只要我们理解了作者的时代背景,熟悉了作者的话语体系和语境,就能领会其中的精髓。历史上一些重要科学家、政治家、企业家、人文社会学家,都有通过研读科学元典而从中受益者。在当今科技发展日新月异的时代,孩子们更需要这种科学文明的乳汁来滋养。

现在,呈现在大家眼前的这套"科学元典丛书",是专为青少年学生打造的融媒体丛书。每种书都选取了原著中的精华篇章,增加了名家阅读指导,书后还附有延伸阅读书目、思考题和阅读笔记。特别值得一提的是,用手机扫描书中的二维码,还可以收听相关音频课程。这套丛书为学习繁忙的青少年学生顺利阅读和理解科学元典,提供了很好的入门途径。

四

据 2020 年 11 月 7 日出版的医学刊物《柳叶刀》第
396 卷第 10261 期报道,过去 35 年里,19 岁中国人平均
身高男性增加 8 厘米、女性增加 6 厘米,增幅在 200 个
国家和地区中分别位列第一和第三。这与中国人近 35
年营养状况大大改善不无关系。

一位中国企业家说,让穷孩子每天能吃上二两肉,
也许比修些大房子强。他的意思,是在强调为孩子提供
好的物质营养来提升身体素养的重要性。其实,选择教
育内容也是一样的道理,给孩子提供高营养价值的精神
食粮,对提升孩子的综合素养特别是科学素养十分
重要。

理科教材就如谷物,主要为我们的科学素养提供足
够的糖类。科普作品好比蔬菜、水果和坚果,主要为我
们的科学素养提供维生素、微量元素和矿物质。科学元
典则是科学素养中的"肉类",主要为我们的科学素养提

供蛋白质和脂肪。只有营养均衡的身体，才是健康的身体。因此，理科教材、科普作品和科学元典，三者缺一不可。

长期以来，我国的大学、中学和小学理科教育，不缺"谷物"和"蔬菜瓜果"，缺的是富含脂肪和蛋白质的"肉类"。现在，到了需要补充"脂肪和蛋白质"的时候了。让我们引导青少年摒弃浮躁，潜下心来，从容地阅读和思考，将科学元典中蕴含的科学知识、科学思想、科学方法和科学精神融会贯通，养成科学的思维习惯和行为方式，从根本上提高科学素养。

我们坚信，改进我们的基础科学教育，引导学生熟读精思三类科学书籍，一定有助于培养科技强国的一代新人。

2020 年 11 月 30 日

北京玉泉路

目　录

下篇　学习资源

上 篇

阅读指导
Guide Readings

普里戈金的学术之路

沈小峰

北京师范大学　教授

本书的作者伊利亚·普里戈金(I. Prigogine)教授，是比利时布鲁塞尔自由大学索尔维国际物理学和化学研究所所长，兼美国奥斯汀得克萨斯大学统计力学和复杂系统研究中心主任。他的祖籍是俄罗斯，1917 年 1 月 25 日生于莫斯科，父亲罗曼·普里戈金(R. Prigogine)是化学工程师。1921 年他随其家庭移栖国外，经过几年漂泊不定的生活之后，于 1929 年定居比利时，1949 年取得了比利时国籍。

普里戈金在布鲁塞尔上小学和中学，青年时代的兴趣集中在历史学、考古学和哲学方面，爱好音乐特别是钢琴。后来他转攻物理学和化学，1941 年在比利时自由大学获博士学位，1951 年起任该校理学院教授。他曾任比利时皇家科学院院长，后被选为美国国家科学院外籍通讯院士，又被选为苏联科学院通讯院士。他还做过不少国家的客座教授，获得过多种奖金和奖章。

普里戈金长期从事化学热力学方面的研究。早期他研究的问题有溶液理论、对应状态理论以及处于凝结阶段的同位素作用理论，取得了一系列的成果。他对历史和哲学的爱好激起了他探讨时间单向性的兴趣，他在物理化学领域中进行的大量工作使他从感性和理性上丰富了对不可逆过程的理解。

普里戈金在回顾他的科学生涯时曾经写道："热力学为我们提供的这许许多多的观点和各种各样的前景中，使我感受强烈，并抓住了我的注意力的是这样一点：这一切都明显地表现出'时间的单向性'这个不可逆现象。从这点出发，我总是把任何一项富有建设性的作用都归功于某种'过程'，而不是采取传统的'静止'的态度对待。"当人们还将不可逆现象当作令人讨厌的因素而极力回避的时候，他却敏感地意识到对不可逆过程的研究可能会带来重大的成果。此后,他集中精力研究不可逆过程热力学,于 1945 年得出了最小熵产生原理,这一原理和翁萨格倒易关系一起为近平衡态线性区热力学奠定了理论基础。这是普里戈金早期对热力学的一个重大贡献。

最小熵产生原理在近平衡态线性区取得的成功促使他试图将这一原理延拓到远离平衡的非线性区去,但是,经过多年努力,这种尝试以失败告终。普里戈金从挫折中吸取了有益的启示,认识到系统在远离平衡态时,其热力学性质可能与平衡态、近平衡态有重大原则差别。在远离平衡的非线性区,系统的状态出现了多种可能性,表现出更加复杂的性质,因此研究工作应当另辟蹊径。以普里戈金为首的布鲁塞尔学派在这一新认识的指导下重新进行了探索。经过多年努力,他们终于建立起一种新的关于非平衡系统自组织的理论——耗散结构理论。普里戈金在回顾他们这一段科学历程时曾经说,当他了解到翁萨格倒易关系和最小熵产生原理一般只在不可逆现象的线性范围内有价值时,就提出了这样一个问题:在翁萨格倒易关系之外,"但仍在宏观描述的范围之内,远离平衡的稳定状态会是个什么样子呢?"这些问题"使我们耗费了近20年心血,即从1947年到1967年,最后终于得到了'耗散结构'的概念"。

1969年,普里戈金在一次"理论物理学和生物学"的国际会议上,正式提出了耗散结构理论。这一理论指出:一个远离平衡的开放系统(不管是力学的、物理学的、化学的、生物学的乃至社会学的、经济学的系统),通过不断地与外界交换物质和能量,在系统内部某个参量的变化达到一定的阈值时,经过涨落,系统可能发生突变即非平衡相变,由原来的混乱无序状态转变为一种在时间上、空间上或功能上的有序状态。这种在远离平衡的非线性区形成的新的稳定的宏观有序结构,由于需要不断与外界交换物质或能量才能维持,因此被称为"耗散结构"。普里戈金在谈到宏观现象中存在的两种结构——耗散结构与平衡结构之间的区别时曾经指出:"平衡结构不进行任何能量或物质的交换就能维持。晶体是平衡结构的典型。""反之,'耗散结构'只有通过与外界交换能量(在某些情况也交换物质)才能维持。一个非常简单的例子是热扩散电池,其浓度梯度由能量流维持着,"这就表明,是否耗散能量是两类结构的根本区别。

耗散结构理论研究一个开放系统在远离平衡的非线性区从混沌向有序转化的共同机制和规律。这一理论不仅可以应用于物理学、化学和生物学领域,而且还成为描述社会系统的方法,因而受到了不同学科的学者的广泛重视。普里戈金由于对非平衡热力学特别是建立耗散结构理论方面的贡献,获得 1977 年诺贝尔化学奖。

时间的维度①

普里戈金

比利时物理化学家,1977年诺贝尔化学奖获得者

本书是论述时间问题的。书名原打算定为"时间——被遗忘的维数"(*Time, the Forgotten Dimension*),这样的书名可能会使一些读者感到奇怪,时间不是从一开始就结合到动力学,即运动的研究中去了吗?时间不就是狭义相对论讨论的重点吗? 这当然是对的。但是,在动力学描述中,无论是经典力学的描述,还是量子力学的描述,引入时间的方式有很大的局限性,这表现在这些方程对于时间反演 $t \rightarrow -t$ 是不变的。诚然,在

———————

① 本文系普里戈金为《从存在到演化》撰写的序言。标题为本书编辑所加。——本书编辑注

特殊类型的相互作用,即所谓超弱相互作用中,这种时间对称性似乎是破缺的,但这种破缺对于本书所要讨论的问题并不起作用。

时间在动力学中不过是作为一个"几何参数"出现,达朗贝尔(d'Alembert)早在 1754 年就已注意到这个特点。拉格朗日(Lagrange)走得更远,他甚至把动力学叫作"四维几何",这比爱因斯坦(Einstein)和闵可夫斯基(Minkowski)的工作早了一百多年。按照这种观点,将来和过去起着同样的作用。组成我们宇宙的原子或粒子所沿着运动的"世界线",也就是它们的轨道,既可以延伸到将来,也可以追踪到过去。

这种静止的世界观,其根源可以追溯到西方科学的发端时期。米利都学派把所谓"原始物质"的思想和物质不灭定律联系在一起。该学派最杰出的创始人之一泰勒斯(Thales)认为,由单一物质(如水)构成了原始物质,因而自然现象中的一切变化,例如生长和衰亡,就必然只是一些幻象而已。

物理学家和化学家都知道,过去和将来起着同样作用的描述,并不适用于所有现象。我们可以观察到,把两种液体放入同一容器里,一般都会扩散成某种均匀的混合物。在这个实验中,时间的方向就是关键。我们观察到一个逐渐均匀化的过程,这时,时间的单向性就是很显然的了,因为我们不会观察到两种混合在一起的液体自发地分离。但是,这类现象很久以来都被排斥在物理学的基本描述之外。一切与时间方向有关的过程都被看作一种特殊的,"不可几"(improbable)的初始条件的效果。

我们看到,20世纪初,这种静止的观点几乎为科学界一致接受。但从那时起,我们便朝着远离静止观点的方向发展了。一种动态的观点(时间在其中起着重要的作用)已在几乎所有的科学领域中盛行。进化的概念好像成了我们认识物质世界的核心。这个概念在19世纪就完全形成了,值得注意的是,它几乎同时出现在物理学、生物学和社会学中,只是具有十分不同的特殊含义而已。在物理学中,它的引入是通过热力学第二定律,即著名的熵增加定律,这个定律是本书的主题之一。

按照经典看法,热力学第二定律表达了分子无序性的增加。正如玻耳兹曼(Boltzmann)所指出的,热力学平衡态相当于"概率"最大的态。但在生物学和社会学中,进化概念的基本含义正好相反,它描述向更高级别的复杂性的转变。在动力学中,时间被当作运动;在热力学中,时间与不可逆性联系在一起;在生物学和社会学中,时间作为历史,我们怎样把这些不同含义的时间相互联系起来呢? 这显然不是一件轻而易举的事情。但是,我们生活在一个单一的世界之中。为了对我们居身的这个世界建立一个统一的观点,我们必须找到某种方法,使我们能够从一种描述过渡到另一种描述。

　　本书的基本目的之一是向读者传达我的一个信念:我们正经历着一个科学革命的时期,这个时期涉及重新评估科学方法的地位和意义,这个时期有些类似于古希腊科学方法的诞生以及伽利略时代的科学思想的复兴。

　　许多有趣的和十分重要的发现,扩大了我们的科学视野。这里仅举几例:基本粒子物理学中的夸克,天文学中像脉冲星那样的奇妙天体,分子生物学的惊人进展等。这些都是我们时代的里程碑,我们的时代是一个特别富有重大发现的时代。然而,当我说到科学革命的时候,我想到的却是另一些东西,也许是更难以捉摸的一些东西。自从西方科学兴起以来,我们一直相信所谓微观世界——分子、原子、基本粒子的"简单性"。于是,不可逆性和进化就表现为一些幻象,这些幻象与自身简单的客体的集体行为所具有的复杂性联系在一起。这种简单性的概念在历史上曾经是西方科学的一个推动力,然而今天却很难再维持下去了。我们所熟悉的基本粒子,就是一些复杂的客体,它们既可产生,也会衰变。如果说物理学和化学中还存在简单性,那它不会存在于微观模型之中。它倒是可能存在于理想化的宏观模型中,如谐振子或二体问题的简单运动模型。但是,如果我们用这些模型去描述大系统或非常小的系统的行为,这个简单性就会消失。只要我们不再相信微观世界的简单性,就必须重新评估时间所起的作用。于是我们就遇到了本书的主题,这个主题可以表述如下:

第一,不可逆过程和可逆过程一样实在,不可逆过程同我们不得不加在时间可逆定律上的某些附加近似并不相当。

第二,不可逆过程在物质世界中起着基本的建设性的作用;它们是一些重要的相干过程的基础,这些相干过程在生物学的水准上显现得特别清晰。

第三,不可逆性深深扎根于动力学中。人们可以说,在不可逆性开始的地方,经典力学和量子力学的基本概念(如轨道或波函数)不再是可观察量。不可逆性并不相当于在动力学定律中引进某种附加的近似,而是相当于把动力学纳入更为广泛的形式体系中去。因此,如我们将要指出的,存在一个微观表述,它超出经典力学和量子力学的传统表述,明显地揭示出不可逆过程的作用。

这种表述导致一个统一的图景,使得我们可以在许多方面把从物理系统观察到的和从生物系统观察到的联系起来。这并非意味着要把物理学和生物学都"约化"为一种单纯的格式,而是要清晰地规定不同级别的描述,并为从一种描述过渡到另一种描述提供条件。

经典物理学中,几何表象的作用是众所周知的。经典物理学以欧几里得几何为基础,相对论及其他领域的现代发展,则与几何概念的扩展紧密相连。但是,我们这里考察的是另一个极端:场论已被胚胎学家用来描述有关形态发生学的复杂现象。观看描写诸如小鸡胚胎发育过程之类电影的经历是令人难忘的,尤其对于不研究生物学的人更是如此。我们看到一个逐渐组织起来的生物空间,每个事件都在某个瞬时和某个区域进行,从而使过程的整体协调成为可能。这种生物空间是具有机能的空间,而不是一个几何空间。标准的几何空间,即欧几里得空间,对于平移或旋转是不变的。生物空间就不是这样。在生物空间里,事件是局域于空间和时间的过程,而不是仅仅局域于轨道。我们很接近亚里士多德(Aristotle)的宇宙观。我们知道,亚里士多德认为,神圣和永恒的轨道的世界同所谓"月下世界"①完全不同,月下世界的描述显然受到了生物学观察结果的影响。他写道:

　　天体的壮观,比起我们去观察这些低矮之物,无疑使我们得到更多的快乐;因为太阳和星辰不生也不灭,而是永恒的和神圣的。但是天国高远,我们的感官所赋予我们的有关天国事物的知识,贫乏而模糊。另一方

----

　　① 亚里士多德把世界分为"月上世界"和"月下世界",前者是高尚神明的世界,后者是庸俗复杂的世界。——译者注

面,活的生物就在我们门前,只要我们愿意,我们可以得到它们每个以及全体的广泛而确定的知识。我们在雕像的美中得到喜悦,难道活的东西就不会使我们得到快乐吗?并且,假使我们在哲学精神中能够寻找出原因,能够认出设计的证据,情况就越发如此。于是,自然界的目的和她那深藏的法则,必将在各处被揭露出来,一切都在她的各式各样的工作中达到这种形式或那种形式的美。

虽然,把亚里士多德的生物学观点应用到物理学中,曾经造成过灾难。但是,通过现代的分支理论和不稳定性理论,我们开始看到,这两个概念,也就是几何的世界和有组织、有机能的世界,并非是不相容的。正是这个进展将会产生深远的影响。

相信微观范围的“简单性”已经成为过去的事。但是,使我确信我们正处在科学革命之中,还有第二个原因。经典的科学观常被称为“伽利略”(Galilei)科学观。它试图把物质世界描述成一个我们不属其中的分析对象。按照这种观点,世界成了一个好像是被从世界之外看到的对象。这种看问题的方法在过去已经获得了巨大成功,但是,现在,这个伽利略科学观的局限性显现出来了。为了继续前进,必须更好地认识我们的地位,认识我们开始描述物质世界的着眼点。这并不是说,我们必须恢复主观主义的科学观;而是说,在某种意义上,我们必须把认识与生命的特征联系起来。雅克·莫诺(Jacques Monod)曾把活的系统叫作"这些陌生的对象",它们和"无生命"的世界相比,的确是陌生的。因此,我的目标之一,就是试图使这些对象的某些一般特性从混乱中摆脱出来。在分子生物学中已经有了十分重要的进展,没有这个进展,我们的讨论就是不可能的。但是,我想强调一下其他方面:活的有机体是远离平衡的对象,它是以其不稳定性与平衡世界相区别的;活的有机体必然是包含物质相干态的"大"的宏观对象,这物质的相干态则是产生复杂生物分子以使生命能够永存所必不可少的。

这些一般特点应体现在下面问题的答案之中:我们描述物质世界的意义是什么?我们从什么观点出发去描述物质世界?答案只能是:我们从一个宏观级别的描

述开始,而我们测量的一切结果,甚至微观世界的测量结果,都在某点反过来影响这个宏观级别的描述。正如玻尔(Bohr)曾强调过的,存在着一些原始概念,这些概念并不能认为是先验的,但是每种描述都必须被表明是和这些原始概念的存在相容的。这就为我们描述物质世界引入了自洽性要素。例如,生命系统具有对时间方向性的感觉。实验表明,即使最简单的单细胞生物也有这种感觉。这个时间的方向性就是上述"原始概念"中的一种。没有它,任何科学,不论是关于动力学中可逆时间行为的科学,还是关于不可逆过程的科学,都是不可能的。因此,耗散结构理论(关于耗散结构,我们将在第 4 章和第 5 章研究)最使人感兴趣的一个方面就是:我们现在能在物理学和化学的基础上发现这个时间方向性的根源。这个发现反过来又以自洽的方式证明我们认为自己所具有的对时间的感觉是合理的。时间的概念比我们所想的要复杂得多。与运动联结在一起的时间只是时间的第一个方面,它可以协调地纳入如经典力学或量子力学这样的理论结构框架中。

我们还可以更进一步。在本书的叙述中,最引人注意的新成果之一是出现了一个所谓的"第二时间"，这个时间深深扎根于微观的动力学级别上的涨落现象之中。这个新的时间不再如经典力学或量子力学中的时间那样是一个简单的参数，而是有点像量子力学中用来表征物理量的一个算符！为什么我们需要用算符来描述微观级别的料想不到的复杂性，这是我们将在本书研讨的最令人感兴趣的方面之一。

近来科学的发展，可能会使科学观点更好地结合在西方文化的框架之中。姑且不谈科学的全部成就，科学的发展无疑也导致了某种形式的文化压力。"两种文化"之所以存在，不仅是由于彼此间的求知欲不够，也至少部分是因为如下事实，即对于时间及其变化这类与文学和艺术有关的问题，科学上探讨得实在太少了。在本书中，我们将不讨论这种涉及哲学和人类科学的一般问题，对这些问题我和我的同事伊萨贝尔·斯唐热（Isabelle Stengers）将在另一本书《新的同盟》（*La nouvelle alliance*，已有英译本，英译本书名为 *Order out of Chaos*，即《从混沌到有序》）里讨论。不过，无论是在欧洲还是在美国，现在有一股很强的潮流，要把哲学论题和科学论题更紧密地连在一起,注意到这一点是很有意思的。我们援引几个例子:在法国,有塞里斯(Serres)、莫斯柯维西(Moscovici)、莫林(Morin)以及其他人的著作;在美国,有罗伯特·布鲁斯坦(Robert Brustein)曾引起争论的文章《爱因斯坦时代的戏剧》,这篇发表在1977年8月7日《纽约时报》上的文章重新评估了因果性在文学中的作用。

西方文明是以时间为中心的,这个提法大概不算夸大。这也许是与《旧约全书》和《新约全书》观点的基本特色有关吧!

无论如何,经典物理学的"没有时间的"(timeless)概念与西方世界的形而上学的概念的冲突是不可避免的。从康德(Kant)到怀特海(Whitehead)的整个哲学史,要么企图为消除这个困难而引入另一个实在性(如康德的实体世界),要么与决定论相反采用时间和自由起着基本作用的新的描述方式,这绝非出于偶然。尽管这样,在生物学问题和社会文化发展中,时间和变化仍是关键性的。事实上,与生物进化相比而言,文化和社会变革的一个迷人的方面就是它们发生在比较短的时间内。因此,在某种意义上,凡是对文化和社会方面感兴趣的人,都必须以这种或那种方式考虑时间问题和变化规律。反过来说大概也对,凡是对时间问题感兴趣的人,也都不可避免地对我们时代的文化和社会变革产生某种兴趣。

经典物理学,甚至是由量子力学和相对论所扩展了的物理学也只为我们提供了一些关于时间进化的相当贫乏的模型。物理学的决定论法则在某种意义上是唯一可接受的法则,它对于进化的描述今天看起来好像是粗线条的简单勾画,近乎一幅进化的漫画。无论是在经典力学还是在量子力学中,好像只要我们足够精确地"知道"了系统在给定时刻的状态,那么将来(以及过去)就至少在原则上可以预言了。当然,我们这里所说的是纯概念的问题。大家知道,实际上连一个月内是否有雨这样的问题,我们也预言不了。尽管如此,这种理论框架好像还是指出,在某种意义上,现在已经"包括"了过去和将来。我们将看到,情况并非如此。将来并没有包括在过去之中。即使在物理学里,也像在社会学里的情形一样,我们只能预言各种可能实现的"方案"。但正是基于这个原因,我们参加了一场惊人的冒险。用玻尔的名言来说,在这场冒险中,我们"既是观众又是演员"。

本书难度中等,因此要求读者熟悉理论物理学和化学的基本工具。不过,我希望,通过采用这种中等水平的表达方式,我可以为大量读者提供一个简洁的介绍,把他们引到这样的一个知识领域,它对我来说,具有十分广泛的内容。

本书的结构如下:在绪论之后,我给出了可以称为"存在"的物理学(如经典力学和量子力学)的一个简述,主要强调经典力学和量子力学的局限性,以便向读者传达我的信念:这些领域远远没有终结,而是处于迅速的发展之中。实事求是地讲,只是在考虑最简单的问题时,我们的认识才是令人满意的。可惜的是,关于科学结构的许多流行的概念,往往基于从这些简单情况的过分外推。然后,我们转向"演化"的物理学,转向现代热力学,转向自组织,以及涨落的作用。有三章专门论述方法,这些方法使我们现在能架起一座从存在过渡到演化的桥梁;这些涉及动力论及其最近的发展。只有第8章涉及一些比较技术性的问题。不具备必要的背景知识的读者,可以直接转向第 9 章,那里概括了第 8 章所得到的主要结论。[①]也许最为重要的结论就是:不可逆性正是从经典力学或量子力学的终结之处开始的。这并不是说,经典力学或量子力学变成错误的了;确切地说是指它们所适合的理想化超出了概念的可观察范围。轨道或波函数这类概念仅当被置于可观察的前后关系之中时才具有物理含义,而当不可逆性变为物理图景的一部分时,就不再能赋予轨道或波函数以可观察的前后关系。这样,本书给出了有关问题的全景,可以作为更深入地认识时间及变化的一个前导。

在本书末尾,我们列出了所有的参考文献[②]。有一部分是关键性参考材料,有兴趣的读者可以从中找到进一步的发展;其余的是本书行文中特别感兴趣的原始出版物。坦白地讲,这种选择是相当随意的,并且,如果有遗漏,我应当向读者表示歉意。与本书所论问题特别有

———————————

① 后来作者又在首版基础上增加了新的内容(第 10 章),我们据作者所赠打字稿译出,加在第 9 章的后面,这样全书共有十章。——译者注
② 为简洁起见,本书删去了参考文献。感兴趣的读者可参考北京大学出版社《从存在到演化》全译本。——本书编辑注

关的书是尼科利斯(G. Nicolis)和本书作者合写的《非平衡系统中的自组织》(*Self-Organization in Nonequilibrium Systems*)。

卡尔·波普(Karl Popper)在他的《科学发现的逻辑》(*The Logic of Scientific Discovery*)一书1959年版的序言中写道：“至少有一个哲学问题，凡是有头脑的人都会对它感兴趣。这就是宇宙学的问题，也就是对世界（作为这个世界的一部分，也包括我们自己以及我们的知识）的认识问题。”本书的目的是要证明物理学和化学的最近发展已为波普如此出色揭示过的问题做出了贡献。

像在一切有意义的科学发展中的情况一样，这里有一个令人诧异的因素。我们总是指望新的见解主要来自研究基本粒子和解决宇宙学问题。这个新的令人惊奇的特点是：在居于微观与宇观之间的宏观水平上的不可逆性概念导致了对物理学和化学的基本工具（如经典力学和量子力学）的修正。不可逆性引入了一些意想不到的特点，只要正确理解它们，就能得到从存在过渡到演化的线索。

自有西方科学以来,时间问题一直是一个挑战,它曾与牛顿时代的变革密切相连,它曾促成了玻耳兹曼的研究工作,现在,它依然伴随着我们。不过,我们现在也许离一个更加综合的观点越发接近了,像是会在将来再次产生新的发展。

我深深感谢我在布鲁塞尔和奥斯汀的合作者们,他们在帮助阐述和发展本书所依据的思想方面,起了重要的作用。在此,我无法对他们一一致谢,但我想对格雷科斯(A. Grecos)博士、赫尔曼(R. Herman)博士和斯唐热小姐表达我的谢意,感谢他们的建设性的批评意见。我还要对西奥多索普卢(M. Theodosopulu)、梅拉(J. Mehra)和尼科利斯博士在准备本书手稿中所给予的不断帮助表示特殊的谢意。

普里戈金的科学贡献

方福康

北京师范大学前校长　教授

2003 年 5 月 28 日,世界著名科学家普里戈金博士病逝于布鲁塞尔。普里戈金是非平衡系统热力学与耗散结构理论的奠基人,以此为基础而开创的复杂性科学研究,已成为 21 世纪的科学前沿,深刻地影响着当今科学与技术发展的各个方面。

非平衡系统热力学与耗散结构理论

普里戈金 1917 年 1 月 25 日出生于莫斯科,不久就爆发了十月革命。1921 年举家来到德国,8 年后又到比利时定居。比利时成了普里戈金真正生活与工作的地方。普里戈金在布鲁塞尔自由大学攻读化学与物理学。1939 年，他获得了博士学位，指导老师是著名学者德唐德（T. de Donder）。1951 年起，普里戈金任该校教授。他还担任其他许多职务，包括美国奥斯汀得克萨斯大学统计力学和复杂系统研究中心主任。普里戈金著述颇丰，除了论文与专著以外，还有不少数学程度并不高的著作，然其概念论述充满哲理与魅力，在理论科学史上十分醒目。

继承德唐德的衣钵，普里戈金毕生从事不可逆过程热力学和有关复杂系统理论的研究，其核心问题是探索宏观现象的时间不可逆性。由于这个问题的重要性，它引起了很多科学家的兴趣，冯·诺伊曼曾专门就量子力学规律的可逆性与测量的不可逆做过专门的讨论。

其实，自然界及人们生活中充斥着不可逆过程，但科学地研究这样的过程则"姗姗来迟"，其标志是 19 世纪克劳修斯（Clausius）等人用热力学第二定律来区别可逆与不可逆过程：可逆过程的熵不变，不可逆过程的熵增加。不可逆过程熵增加的性质赋予时间一个方向，这一结论打破了时间的对称性，区别了过去与将来。与之不同的是经典力学、量子力学和相对论中的时间观念。在那里,动力学的标准形式对于过去和将来是没有区别的,沿着时间"向前"发展或"向后"演化都是成立的。

热力学第二定律还指出,孤立系统的熵不减少,且终究要达到极大值,这个极大值对应着一个热力学的平衡态。按照玻耳兹曼关系 $S = k\ln W$,系统的高熵态对应于无序,而低熵态对应于有序。因此,孤立系统将朝着无序方向发展,最终成为无序的"热寂"。热力学第二定律指示了通向"无序"的死亡之路。但是,大自然的发展演化与此图像完全不同,总是勃勃生机,万千纷呈,表现出高度有序。生物进化论也展示了生物从低等向高等发展,从无序或低度有序状态向高度有序状态演化发展的方向。

普里戈金毕生的研究与热力学的这两个问题密切相关,他的学术生涯开始于对经典热力学的研究。经典热力学主要关注平衡态的热力学性质,即使讨论系统的状态改变也借用可逆的准静态过程来展开,将摩擦、扩散或黏性等耗散因素视为有害属性,很少涉及偏离平衡态的研究。普里戈金从演化的角度讨论偏离平衡态热力学系统的输运过程,在系统局域弛豫时间远小于全局弛豫时间的条件下引入局域平衡的概念,深入讨论离开平衡态不远的非平衡状态的输运过程,揭示了输运过程中导致物质、能量流的热力学力,利用线性关系定量描述这些"流"和"力"的关系,结合翁萨格关系给出了最小熵产生定理。该定理反映了非平衡系统在线性区的基本规律,是普里戈金关于非平衡热力学的第一项重要成果。最小熵产生定理指出了线性非平衡系统演化的基本特征是趋向平衡,其最终归属是熵产生最小的定态,由此否定了线性区存在突变的可能性。

由于最小熵产生定理否定了线性区出现突变的可能性,普里戈金开始探索非平衡热力学系统在非线性区的演化特征。经过近 20 年的探索,通过对化学反应扩散系统的研究,特别是对瑞利-贝纳尔(Rayleigh-Bénard)流和三分子模型的详细考察,普里戈金提出了关于远离平衡系统的耗散结构理论。该理论讨论一个远离平衡的开放系统,当描述系统离开平衡态的参数达到一定阈值时,系统将会出现分岔行为,在越过分岔点后,系统将离开原来无序的热力学分支,发生突变并进入一个全新的稳定有序状态,若将系统拉开到离平衡态更远的地方,系统可能出现更多新的稳定有序状态。普里戈金将这种有序结构称作"耗散结构"。

耗散结构理论指出,系统从无序状态过渡到这种耗散结构有两个必要条件,一是系统必须开放,即系统必须与外界进行物质或能量的交换;二是系统必须远离平衡态,即系统中"流"和"力"的关系是非线性的。在这两个条件下,摩擦、扩散等耗散因素对形成新的有序结构发挥了重要的建设性作用。通过涨落,系统在越过临界点后自组织成耗散结构,该结构由突变而涌现,且状态是稳定的。

开放系统在远离平衡区出现新的有序结构的例子,在流体力学和化学反应中都已发现。例如,从容器下方对液体加热,起初温度梯度不够大,能量由热传导方式进行;继续加热,当温度梯度达到一定值时,液体将出现规则的对流,即瑞利-贝纳尔流,如果进一步加热,温度梯度更大,液体就进入湍流状态。在化学反应中也观察到的贝洛索夫-扎鲍廷斯基(Belousov-Zhabotinsky)反应是一种化学振荡,也是在远离平衡区出现耗散结构的例子。耗散结构理论对这些现象给出了很好的说明。

耗散结构理论指出,开放系统在远离平衡态时可以涌现出新的结构,为解释生命过程的热力学现象提供了理论基础。地球上的生命体都是开放的热力学系统,处于远离平衡的状态,通过与外界不断进行物质和能量交换,将能够自组织形成一系列的有序结构。

因为对不可逆过程热力学的杰出贡献,特别是最小熵产生定理和耗散结构理论,普里戈金获得了1977年的诺贝尔化学奖,被人们赞誉为"热力学诗人"。此后,普里戈金从微观层次上探索时间的奥秘,在非线性动力系统的研究上取得了实质性的进展,揭示了不可积系统的内在不稳定性,指出采用传统的位置和动量的描述系统是不现实的。因为从相空间中的任意一点的邻域出发都将有完全不同的结局。普里戈金建议采用系综的方式来描述系统的演化发展,宏观现象的不可逆性将成为该理论的自然结果。

走向复杂性科学的综合研究之路

耗散结构理论的提出,大大扩展了理论物理和理论化学的研究范围。对于自然科学乃至社会科学,已经产生或将要产生实质性的重大影响。这种影响用一句话概括就是,耗散结构理论促使科学家特别是自然科学家开始探索各种复杂系统的基本规律,从而拉开了复杂性研究的帷幕。

普里戈金和他的研究集体已在生命、生态、大脑、气象和社会经济等系统做了开拓性的工作。

生命如今早已不仅仅是生物学家的研究对象,还引起了物理学家、化学家的浓厚兴趣,他们提出了许多极富价值的新见解。普里戈金和他的研究集体在不同层次对生命现象进行理论研究,做出了开创性的工作。例如对生物节律行为的讨论,给出了单个心脏细胞内的信号转导中钙离子的时间振荡,果蝇体内的生理振荡等。还得到了空间分布特点,如单个心脏细胞转导中钙离子的螺旋波,圆盘网柱菌的聚集群体运动时的螺旋形花纹,心脏局部组织和心脏组织受到损伤时的钙波等。他们还研究了生命代谢过程中的糖酵解的动力学行为和免疫网络等问题。这些工作在世界上都是领先的。

生态系统包含多种物种之间、物种与环境之间的相互作用,具有多种时间尺度、空间尺度和结构功能层次的强烈耦合,在时间和空间上形成了多种花样。如何解释这些花样的形成和描述时空作用的机制,就成为复杂性研究要回答的问题。普里戈金的研究集体开创了生态系统的复杂性研究,对多物种生态系统的演化过程给出了实质性的结论,并将其应用于实际系统,如纽芬兰渔场的管理等。

大脑作为人体最重要的一个器官,具有 10^{11} 数量级的神经元细胞。神经元细胞之间通过基本的电信号和化学作用在宏观层次上涌现出单个神经元所不具有的学习、记忆、思维和意识等性质,从复杂性的角度来研究脑的功能,寻找其核心的动力学机制,无论是对认识人类自身还是促进科技的发展都具有重要意义。普里戈金的研究集体最早分析了人脑的脑电图(EEG)和猴的神经活动,计算了其中的关联维数(correlation dimension),进一步研究了深度睡眠、癫痫发作、脑皮质活性及大脑的信息加工等,并第一次指出,尽管大脑活动很复杂,但仍可以用低维动力系统来描述。这些工作对后人有重要影响。

在对大气系统的研究中,普里戈金的小组采用一组宏观量描述地球-大气-低温层体系,给出了大气和海洋湍流的动力学机制,从根本上改变了气象预报的基本概念,这些成果于 20 世纪 90 年代被运用于欧洲气象预报系统的建设。

社会经济系统也是一个演化的复杂系统。普里戈金指出,社会经济系统存在自组织结构,其研究集体通过"logistic system"分析处理了荷兰的能源、美国的城市演化和比利时的交通等社会经济问题。这种研究方法深刻地影响了演化经济学流派的发展。

富于启示的科学研究方法

普里戈金开创的复杂性研究已成为今天全世界科学研究的中心问题,为 21 世纪的科学研究指明了新的方向。他不仅开创了全新的研究领域,还留下了科学研究的方法。比利时是欧洲的一个小国,并不是科学研究的中心,但普里戈金在那里取得了重大科学成就,他的研究经历及其研究集体的经验是值得借鉴的。

首先要选准方向。布鲁塞尔学派选准了偏离平衡态的非平衡系统来开展研究，这在当时还是极少有人选择的方向。但该学派认为非平衡态的演化过程具有极大的意义，虽然当时还不是主流，但将来会发展成为主流的科学命题。所以这样的选择是最佳的选择。

科学研究贵在坚持与积累。普里戈金的研究成果是三代人经过坚持不懈的努力的结果，从德唐德、格兰斯多夫（P. Glansdorff）到普里戈金，历经半个世纪才获得成功。基础研究需要积累，德唐德对偏离平衡态有出色的研究，是前承玻耳兹曼热动力学、后启普里戈金研究远离非平衡态的关键人物。普里戈金坚持了德唐德研究非平衡态热力学的方向，并几十年不间断地深入展开工作，才提出远离平衡的开放系统的耗散结构理论。

长期开展广泛的国际合作和交流也是一个重要因素。比利时的索尔维国际物理学和化学研究所主办了系列国际性的学术会议，许多大科学家如爱因斯坦、玻尔、普朗克（Planck）、彭加勒（Poincaré）等都曾云集索尔维国际会议。这一系列国际会议促进了普里戈金在比利时的基础科学研究的发展。

　　普里戈金同时对中国的科学发展做出了贡献。在钱三强的主持下,中国早在改革开放初期即与普里戈金教授建立了良好的关系。普里戈金不仅邀请中国科学家赴比利时进行合作研究,还为中国培养了多名博士,使中国在复杂性研究领域达到了前沿的研究水平,在非平衡系统相变理论、混沌与分形、经济系统、生命生态系统演化、大脑认知过程的复杂性研究上取得了长足的进步。日本东京大学的铃木正雄曾评价道:"中国科学家在非平衡系统研究的初期就加入其中是非常幸运的。"

　　作为一位科学家,普里戈金对中国具有深厚的感情。他曾两次来华访问,他是中国生物物理学会的荣誉会员,北京师范大学和南京大学的荣誉教授。他具有深厚的中国文化修养,特别是中国传统哲学,他多次在著作中强调中国的哲学思想对科学研究的意义,并殷切地期望中国科学家在复杂性研究中做出贡献。

　　普里戈金虽然已经离去,但他的影响还将长久存在。

诺贝尔奖颁奖词①

曾国屏 译   沈小峰 校
清华大学 教授   北京师范大学 教授

  伊利亚·普里戈金以他在热力学领域的发现,而荣获本年度的诺贝尔化学奖。热力学作为科学理论是最为错综复杂的一门分科,具有无穷无尽的现实意义。

  热力学的历史可追溯到 19 世纪初叶。主要是由于道尔顿(Dalton)的工作,原子论获得了公认,人们开始普遍接受这样一种观点,即人们称为"热"的东西,只不过是物质的最小组分的运动。后来,热机的发明使得人们越来越迫切要求对热和机械功之间的相互作用进行精确的数学研究。

---

  ① 即瑞典皇家科学院斯蒂格·克莱桑教授的致辞。——本书编辑注

许多卓越的科学家为 19 世纪热力学的发展做出了贡献,他们的名字不仅将永存于科学史中,而且已被用作重要的单位术语。除了道尔顿以外,还有瓦特(Watt)、焦耳(Joule)和开尔文(Kelvin),他们的名字分别被用来作为原子量、功率、能量和从绝对零点起计算的绝对温标的单位。亥姆霍兹(Helmholtz)、克劳修斯和吉布斯(Gibbs)也做了重要工作,他们采用统计方法探讨了原子和分子的运动,实现了热力学和统计学的综合——我们称作统计热力学。他们的名字已被用来称呼一些重要的自然定律。

随着研究的深入,热力学在 20 世纪初获得了一些结论,它开始被看作其发展基本上已宣告完成的一门科学分支。不过,它仍然有某些局限,它在绝大部分情况下只能处理可逆过程,也就是通过平衡态而发生的过程。甚至对同时进行热传导和电传导的热偶这种简单的可逆系统,在翁萨格建立起倒易关系之前,也不可能得到满意的结果。翁萨格因而获得了 1968 年的诺贝尔化学奖。在不可逆过程的热力学的发展中,这个倒易关系是向前迈出的巨大一步,但是,其中预先假设了一种线性近似,只能运用于相对接近平衡的情形。

普里戈金的伟大贡献在于建立了远离平衡状态的非线性热力学理论,这一理论令人满意。他发现了全新类型的现象和结构,如今这种普遍的、非线性的不可逆热力学已奇迹般地在各种领域中得到了广泛的应用。

普里戈金一直着迷于解释这样的问题:有序结构——例如生物学系统——如何能够从无序发展而来。即使是利用翁萨格关系,热力学中经典的平衡原理仍然展示出,接近平衡态的线性系统总是要发展成无序状态,这种状态对于扰动是稳定的,无法解释有序结构的出现。

普里戈金及其研究团队却选择这样的系统进行研究,这些系统遵循非线性动力学定律,而且保持与其环境的接触以便能进行能量交换,换言之,就是开放系统。如果这些系统被驱而远离平衡,就形成了完全不同的情形,会形成新的系统,它们表现出在时间和空间上都有序,而且它们对于扰动是稳定的。普里戈金已把这些系统称作耗散系统,因为它们是通过耗散过程而形成并得以保持的,耗散过程的发生则是由于系统与环境之间的能量交换;这种交换一旦停止,耗散系统也就不复存在了。

也可以这样认为,它们在与其环境的共生之中生存。

　　普里戈金用来研究这种耗散结构对于摄动的稳定性的方法,已引起了普遍的极大兴趣。它使得研究那些变幻无常的问题成为可能,这里仅略举几例,如城市交通问题、昆虫社会的稳定性、有序生物结构的发展以及癌细胞的生长。

　　在此,值得特别提到的还有三个人,他们协助普里戈金工作多年,其中首先是格兰斯多夫,此外还有莱费尔(R. Lefever)和尼科利斯,他们重要的创造性贡献,推动了科学的发展。

　　这样一来,普里戈金对不可逆热力学的研究已从根本上改造了这门科学,使之重新充满活力;他所创立的理论,打破了化学、生物学领域和社会科学领域之间的隔绝,使之建立起了新的联系。他的著作还以优雅明畅而著称,使他获得了“热力学诗人”的美称。

　　普里戈金教授,我已尝试简要地勾画出您对非线性不可逆热力学的伟大贡献,现在我怀着愉快的心情,荣幸地向您表示瑞典皇家科学院的最高祝贺,并请您从国王陛下手中接过您的诺贝尔奖。

⊱ 中 篇 ⊰

从存在到演化(节选)

From Being to Becoming

物理学中的时间—经典力学—量子力学—
热力学—自组织—非平衡涨落—变化的规律—
不可逆性与时空结构

物理学中的时间

动力学描述及其局限性

在我们的纪元，已经取得了自然科学知识的巨大进展。我们所能探讨的物理世界，其尺度已经扩展到确实难以想象的程度。在微观范围内，例如在基本粒子物理学中，我们有数量级为 10^{-22} 秒和 10^{-15} 厘米的尺度。而在宏观方面，例如在宇宙学中，时间可能具有 10^{10} 年（即宇宙的年龄）的数量级，距离具有 10^{28} 厘米（即视界的距离，也就是能够收到物理信号的最远距离）的数量级。也许更为重要的还不是我们能借以描述物理世界的这个巨大的尺度范围，而是最近[1]所发现的物理世界行为中的变化。

---

[1]　本书英文版首版出版于 1980 年，本书所指"最近""近期"等均遵照原文翻译。——本书编辑注

20世纪初，物理学似乎接近于把物质的基本结构归结为少数几个稳定的"基本"粒子，诸如电子和质子。可是现在，我们却和这种简单描述离得很远。无论理论物理学的未来是怎样的，看来"基本"粒子总是具有巨大的复杂性，以致关于"微观世界简单性"的古老格言再也不能适用了。

我们观点的变化，在天体物理学中也同样得到证实。尽管西方天文学的奠基者强调天体运动的规则性和永恒性，这样一种描述现在充其量也只适合于像行星运动这样很有限的场合。无论往哪里看，我们所发现的都不是稳定性与谐和性，而是演化的过程，由此而来的是多样性和不断增加的复杂性。我们对物质世界看法上的这个变化，引导我们去研究那些看来与这种新的思考脉络有关的数学分支和理论物理学分支。

在亚里士多德看来，物理学是研究在自然界中发生的"过程"或"变化"的科学。可是，在伽利略及近代物理学的其他奠基者看来，能够用精确的数学语言来表达的唯一"变化"就是加速度，即运动状态的改变。这种看法最后引出了把加速度和力 F 关联起来的经典力学基本方程：

$$m \frac{\mathrm{d}^2 \boldsymbol{r}}{\mathrm{d}t^2} = \boldsymbol{F} \qquad (1.1)^{①}$$

从这时起,物理的"时间"就等同于在经典运动方程中出现的"时间"t。我们可以把物理世界看作是一个轨道的集合,如图 1.1^{②} 所示的"一维"世界的情形。

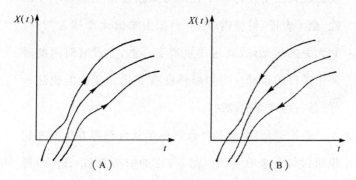

图 1.1　世界线

这些世界线示出坐标 $x(t)$ 随时间的演化,

它们对应于不同初始状态:

(A)表示对于时间来说向前的演化;

(B)表示对于时间来说向后的演化。

---

① 本书公式的序号沿用原书序号,下同。—— 本书编辑注
② 本书图的序号沿用原书序号,下同。——本书编辑注

被测质点的位置 $x(t)$ 作为时间的函数,用一条轨道表示。重要的特点在于,动力学对将来和过去是不加区分的。方程 1.1 对于时间的反演 $t \to -t$ 来说是不变的。无论是在时间上"向前"的运动(A),还是在时间上"向后"的运动(B),都是允许的。可是,不引进时间的方向,我们就无法用任何非平凡的方式描述演化的过程。因此,毫不奇怪,科伊雷(Koyré)把力学的运动称为"与时间无关的运动,或者说得更离奇一些,在没有时间的时间中进行的运动——和那种没有变化的变化的说法一样,是一种佯谬的说法"。

再说,"运动"就是经典物理学从自然界发生的变化里所保留下来的一切。结果,正如伯格森(Bergson)等人强调的那样,一切都已在经典物理中给出了:变化不是别的,而是对演化的一种否认,时间仅是一个不受它所描述的变换影响的参数。这个稳定的世界(即一个摆脱了演化过程的世界)的图像迄今仍然是理论物理思想的真谛。牛顿(Newton)的动力学由其伟大的继承者拉普拉斯(Laplace)、拉格朗日和哈密顿(Hamilton)等人所完善,它好像组成了一个封闭的宇宙系统,能够回答任何问题。根据定义几乎就可把动力学没有给出答案的问题都当作伪问题摒弃。于是,动力学似乎能使人类得以达到最终的现实。在这种看法下,其余的东西(包括人)都只不过是一种缺乏基本意义的幻象而已。

这样,物理学的主要目标就是去识别我们能够应用动力学的微观级别的世界,这个微观王国,可以成为对一切可观察到的现象做出解释的基础。这里,经典物理学符合了希腊原子论者的纲领,如德谟克利特(Democritus)所说的:"只有原子和虚空。"

今天我们知道,牛顿动力学只是描述了我们物理经验的一部分,它适用于和我们自己的尺度差不多的对象,其质量是用克或吨量度的,其速度远小于光速。我们知道,经典力学的有效性受到普适常数的限制。最重要的普适常数有两个:一个是普朗克常数 h,其值在厘米·克·秒单位制中(即以尔格·秒为单位时)数量级为 6×10^{-27};另一个是光速 c,其值约为 3×10^{10} 厘米/秒。当人们探讨尺寸非常小的对象(如原子、"基本"粒子)或超密对象(如中子星或黑洞)时,新的现象发生了。为了处理这些新现象,牛顿动力学被量子力学(它考虑

了 h 的有限值)和相对论动力学(它包括了 c)所代替。但是,这些新形式的动力学,尽管它们自身相当具有革命性,却仍因袭了牛顿物理学的思想:一个静止的宇宙,即一个存在着的、没有演化的宇宙。

在进一步讨论这些概念之前,我们要问,物理学真能等同于某种形式的动力学吗?这个问题当然是有限制的。科学并不是已经结束了的论题。近来在基本粒子领域内的一些发现就是例证。这些发现说明我们理论上的认识是多么落后于现有的实验数据。不过,让我们先来说明一下经典力学和量子力学在分子物理学中的作用,这是最容易理解的。仅仅借助于经典力学或量子力学,我们能够哪怕只是定性地描述物质的主要特性吗?让我们相继考虑物质的某些典型特性:关于光谱特性,例如光的发射或吸收,量子力学在对吸收谱线和发射谱线位置的预言上无疑获得了巨大的成功。但是考虑物质的其他特性(例如比热容),则我们就不得不越出动力学自身的范围。比如说,把 1 摩尔的气态氢从 0℃ 加热到 100℃,如果过程中体积恒定(或压强恒定),那么我们总是需要提供同样数量的能,怎么会是这样呢?要回答这个问题,不仅需

要分子结构（可以用经典力学或量子力学来描述）方面的
知识，还需做下述假设：任意两个氢的试样，不管它们的
历史怎样，在一定时间之后，总要达到同一个"宏观"态。
这样，我们就觉察到与热力学第二定律的联系。我们将
在下一节里对热力学第二定律做概括性介绍。这个定律
是贯穿全书的一条基线。

当非平衡态下的性质如黏滞性和扩散等被包括进
来时，非动力学因素的作用就越发大。为了计算这些系
数，我们需要引进某些形式的动力论或包含"主方程"的
形式体系（见第 7 章①）。计算细节并不重要，重要的是，
除了经典力学或量子力学所提供的以外，我们还需要补
充的工具。我们先简要地叙述一下这些补充的工具，然
后研究一下它们相对于动力学的地位。这里我们便遇
到了本书的主题：时间在描述物理世界中的作用。

---

① 指原书第 7 章。本书所提及的章节序号，均指原书章节，参见北
京大学出版社《从存在到演化》全译本。后文不再赘述。——本书编辑注

热力学第二定律

我们已经提到,在力学所描述的过程中时间的方向是无关紧要的。显然,还有另外一些情况,其中这种方向性确实起着本质的作用。如果我们加热一个宏观物体的一部分,然后对这个物体进行热的隔离,我们就会观察到温度逐渐均匀起来。在这样的过程中,时间明显地表现出具有"单向性"。从18世纪末开始,工程师和物理化学家们就广泛地研究它们了。克劳修斯所表述的热力学第二定律,突出地概括了这些过程的特点。克劳修斯考虑的是孤立系统,与外界既无能量交流也无物质交换。这时热力学第二定律指出了熵函数 S 的存在,熵单调地增加,直到热力学平衡时达到其最大值

$$\frac{dS}{dt} \geq 0 \qquad (1.2)$$

可以容易地把这个公式推广到与外界有能量和物质交换的系统(见图1.2)。

我们必须对熵的变化 dS 中的两项加以区分:第一项 d_eS 是熵通过系统边界的传输,第二项 d_iS 是系统内

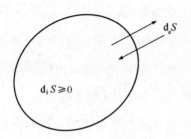

图 1.2 开放系统

$d_i S$ 代表熵产生，$d_e S$ 代表系统和外界的熵交换。

部所产生的熵。按照热力学第二定律，系统内的熵产生是正的，

$$dS = d_e S + d_i S, \ d_i S \geqslant 0 \qquad (1.3)$$

在这个公式里，可逆过程与不可逆过程之间的区别成了根本的区别。仅仅在不可逆过程中，熵产生才不为零。不可逆过程的例子有化学反应、热传导和扩散等。另一方面，在忽略波的吸收这种极端的情况下，波的传播可以看作是可逆过程。因此，热力学第二定律表达了这样一个事实，即不可逆过程导致一种时间的单向性。正的时间方向对应于熵的增加。让我们强调一下这个时间单向性在热力学第二定律中表现得多么强烈和确定。

它假设存在一个函数,这个函数具有十分特殊的性质,即对于一个孤立系统,该函数仅随时间而增加。这样的函数在由李雅普诺夫(Lyapounov)的经典性工作所创立的现代稳定性理论中起着重要的作用。

时间的单向性还有其他例子。比如在超弱相互作用中,动力学方程不允许 $t \to -t$ 的反演。不过,这些还是单向性的比较"弱"的形式,可以容纳在动力学描述的框架中,而且它们并不相当于热力学第二定律所引入的不可逆过程。

由于我们将把注意力集中到导致李雅普诺夫函数的那些过程,因此必须更为详细地考察一下这个概念。考虑一个系统,其变化是由某些变量 X_i 描述的,比如 X_i 或许代表着各种化学物质的浓度。这个系统的变化可以由如下形式的速率方程给出:

$$\frac{\mathrm{d}X_i}{\mathrm{d}t} = F_i(\{X_i\}) \qquad (1.4)$$

其中 F_i 是组分 X_i 的总产生率,每个组分有一个方程

(例子将在第 4 章和第 5 章①中给出)。假设对于 $X_i = 0$，一切反应速率均为 0，那么这将是系统的一个平衡点。现在我们可能要问，如果我们从浓度 X_i 的非零值开始，系统是否会向平衡点 $X_i = 0$ 变化？用现代的术语来说，$X_i = 0$ 的态是不是一个吸引中心？李雅普诺夫函数使我们能够解决这一问题。考虑浓度的某个函数 $\mathscr{V} = \mathscr{V}(X_1, \cdots, X_n)$，而且假定在浓度有意义的整个区间函数值为正，而在 $X = 0$ 时函数值为零②，然后，我们考虑 $\mathscr{V}(X_1, \cdots, X_n)$ 如何随浓度 X_i 的变化而改变。按照速率方程 1.4，当浓度变化时，该函数对时间的导数为：

$$\frac{d\mathscr{V}}{dt} = \sum_i \frac{\partial \mathscr{V}}{\partial X_i} \cdot \frac{dX_i}{dt} \qquad (1.5)$$

李雅普诺夫定理断言，如果 $\mathscr{V}$ 对于时间的导数 $\frac{d\mathscr{V}}{dt}$ 与 $\mathscr{V}$ 反号，也就是说，在我们的例子中 $\frac{d\mathscr{V}}{dt}$ 是负的，则平衡态将

①　原书第 4 章《热力学》和第 5 章《自组织》，见本书对应章节。——本书编辑注

②　一般地说，李雅普诺夫函数也可以是负定的，但其一次导数必须是正定的(例如，参见方程 4.28)。

是一个吸引中心。这个条件的几何意义是明显的,示于图 1.3 中。对于孤立系统而言,热力学第二定律指出,有一个李雅普诺夫函数存在,而且对于这样的系统,热力学平衡态是非平衡态的吸引中心。这个重要的结论可以用一个简单的热传导问题来说明。温度 T 对于时间的改变由经典的傅立叶(Fourier)方程描述:

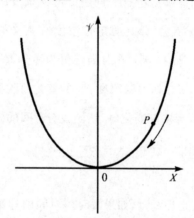

图 1.3　渐近稳定性概念

如果有一个扰动导致点 P,系统将会响应,

通过变化回到平衡点 0。

$$\frac{\partial T}{\partial^2 t} = \varkappa \frac{\partial^2 T}{\partial x^2} \tag{1.6}$$

其中$\varkappa$是热导率($\varkappa > 0$)。可以很容易地找到有关这个问题的一个李雅普诺夫函数,例如我们可以取

$$\Theta(T) = \int \left(\frac{\partial T}{\partial x}\right)^2 \mathrm{d}x \geqslant 0 \qquad (1.7)$$

可以直接证明,对于固定的边界条件,

$$\frac{\mathrm{d}\Theta}{\mathrm{d}t} = -2\varkappa \int \left(\frac{\partial^2 T}{\partial x^2}\right)^2 \mathrm{d}x \leqslant 0 \qquad (1.8)$$

当达到热平衡态时,李雅普诺夫函数$\Theta(T)$确实减少到其最小值。反过来说,均匀的温度分布对于初始的非均匀分布来说是一个吸引中心。

普朗克十分正确地强调指出,热力学第二定律区分了自然界中各种类型的状态之间的差别,一些状态是另一些状态的吸引中心。不可逆性就是对这个吸引的表达。

显然,对自然的这样一种描述是与动力学的描述很不相同的:从两个不同的初始温度分布出发,最终总会达到同一个均匀的分布(见图1.4)。系统具有一个内禀的"遗忘"机制。这和力学的"世界线"的观点是多么不同啊!在世界线观点里,系统永远遵循一条给定的轨

道。力学里有一个定理证明了两条轨道永远不会相交;至多只能渐近地(对于 $t \to \pm\infty$)在奇异点相遇。

现在让我们简要地考虑,怎么才能用分子事件来描述不可逆过程。

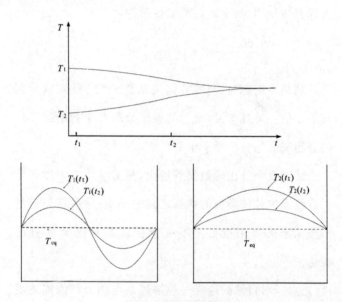

图 1.4　趋向热平衡

不同的初始分布如 T_1, T_2 导致同一温度分布。

不可逆过程的分子描述

首先我们要问,从所涉及的分子的角度来说,熵的增加意味着什么? 为了做出回答,我们必须探讨熵的微观意义。玻耳兹曼第一个注意到,熵是分子无序性的量度,他的结论是,熵增加定律就是无序性增加的定律。让我们举一个简单的例子:考虑一个容器,被分为体积相等的两个部分(见图1.5)。N 个分子被分为两组 N_1

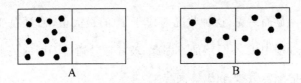

图 1.5 分子在两室中的不同分布

(A) $N = N_1 = 12$, $N_2 = 0$;(B) $N_1 = N_2 = 6$。经过足够长的时间

之后,分布 B 代表最大概率的组态,类似于热力学平衡态。

和 N_2 可能的分配方式的数目 P 由简单的组成公式给出:

$$P = \frac{N!}{N_1! \; N_2!} \tag{1.9}$$

其中 $N!=N(N-1)(N-2)\cdots3\cdot2\cdot1$。量 P 叫作配容数。

从 N_1 和 N_2 的任意初值开始,我们可以进行一个简单的实验,这就是埃伦费斯特夫妇(Paul and Tatiana, Ehrenfest)为了说明玻耳兹曼思想而提出的"游戏"。我们随机地选择粒子,并且约定被选中的粒子要改换它的居室。可以预期,在足够长的时间之后就会达到一个平衡的状况,这时除了小的涨落之外,两室中的分子数相等($N_1\approx N_2\approx\dfrac{N}{2}$)。

显而易见,这种状况对应于 P 的最大值,而且在变化过程中 P 不断增加。因此,玻耳兹曼通过下面的关系式把配容数 P 和熵等同起来:

$$S=k\log P \tag{1.10}$$

其中 k 是玻耳兹曼普适常数。这个关系式清楚地表明,熵的增加表达了分子无序性的增长,而分子无序性的增长是由配容数的增加来刻画的。在这样的变化过程中,初始条件"被忘记"了。如果在初态时一个室中的粒子数比另一室中的多,这个不对称性终将被破坏。

如果我们把 P 和用配容数量度的一个态的"概率"

结合起来,则熵的增加对应于趋向"最大概率"态的变化。稍后,我们还要回到这种解释上来。正是通过了不可逆性的分子解释,概率的概念才首次进入了理论物理学。这乃是现代物理史中决定性的一步。

我们还可以把这种概率的论点更推进一步,得出不可逆过程随时间而演化的定量表述。作为一个例子,让我们考虑著名的"随机游动"问题,它为布朗运动提供了一个理想化的但仍十分成功的模型。最简单的例子是一维的随机游动:一个分子,在固定的时间间隔迁移一步(见图 1.6)。分子从原点出发,我们要求 N 步以后在点 m 处找到这个分子的概率。如果我们假定,分子向前走或向后走,其概率各为 $\frac{1}{2}$,我们得到

$$W(m,N) = \left(\frac{1}{2}\right) \frac{N!}{\left[\frac{1}{2}(N+m)\right]! \left[\frac{1}{2}(N-m)\right]!}$$

$$(1.11)$$

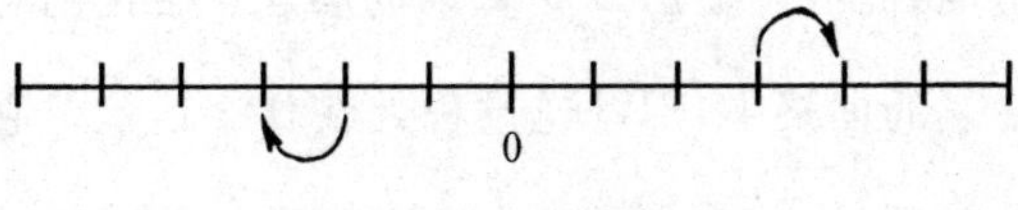

图 1.6　一维随机游动

就是说,要在 N 步后到达点 m,必须有 $\frac{1}{2}(N+m)$ 步向

右,$\frac{1}{2}(N-m)$ 步向左。公式 1.11 给出这 N 步的不同

走法序列的数目乘以 N 步的一个任意序列的总概率。

把阶乘展开,我们得到与高斯分布相应的渐近公式

$$W(m,N)=\left(\frac{2}{\pi N}\right)^{1/2} e^{-m^2/2N} \qquad (1.12)$$

采用这样的记法:$D=\frac{1}{2}nl^2$,其中 l 是两个位置之间的

距离,n 是每单位时间的位移数。则这个结果可以写成

$$W(x,t)=\frac{1}{2(\pi Dt)^{1/2}} e^{-x^2/4Dt} \qquad (1.13)$$

其中 $x=ml$。这就是与傅立叶方程(式 1.6)在形式上全
等(只是将 κ 换成了 D)的一维扩散方程的解。显然,这
只是一个非常简单的例子。在第 7 章里,我们将考虑更
为精巧的技术,以便从动力论中导出不可逆过程。不过
在这里,我们可以提出一些基本的问题:在我们对物质
世界描述的框架中,不可逆过程处在什么地位? 它们和
力学的关系是什么?

时间和动力学

经典的或量子的动力学所表达的基本物理定律,在时间上是对称的。热力学不可逆性只是附加在动力学上的某种近似。吉布斯给出的一个例子常常被引用:如果我们把一滴黑墨水放到水里并搅拌一下,它就会呈灰色。这个过程好像是不可逆的,但是假使我们能跟随每个分子,我们就会看出,在微观世界里,系统保留了不均一性。不可逆性成了由观察者感官的不完善而造成的一种错觉。系统的确保留了不均一性,但是不均匀的规模已经从初态的宏观尺度变到了终态的微观尺度。不可逆性是一种错觉的观点曾是很有影响的,许多科学家试图把这种错觉和数学方法(例如会导致不可逆过程的"粗粒"法)联系起来。另一些人怀着同样的目的,尝试过得出宏观观察的条件。但是,直到现在,所有这些企图都没有得出明确的结果。

很难想象,我们所观察到的不可逆过程,诸如黏滞、不稳定粒子的衰变等,会是简单地由于知识的缺乏或观察的不周所造成的错觉。因为即使在简单的力学运动中,我们所知道的初始条件也带有某种近似性,随着时间的增长,对运动未来状态的预言就变得越来越困难。把热力学第二定律用于这样的系统,似乎没有什么意义。与热力学第二定律紧密相关的一些特性,如比热容和可压缩性,对于由许多相互作用着的粒子所组成的气体来说是有意义的。但是,当用于简单的力学系统如行星系统时,便无意义了。因此,不可逆性和系统的动力学性质一定有某些本质的联系。

也考虑过一个相反的概念:力学也许就是不完善的;也许应该把它推广,以便包括不可逆过程。这种想法也很难维持,因为对于简单的动力学系统,无论是经典力学的预言,还是量子力学的预言,都已被非常好地证实了。只要提一下空间飞行的成功就够了,空间飞行要求非常精确地计算动力学的轨道。

近来,与所谓的测量问题(我们将在第 7 章再谈这个问题)有关的量子力学是否完备的问题一再被提出。甚至曾建议,为把测量的不可逆特点包括进来,必须给表达量子系统动力学的薛定谔方程加上一些新的项(见

第3章)。

这里,我们恰好得到了对本书主题的明确表达。用哲学的语汇,我们可以把"静止"的动力学描述与存在联系起来;而把热力学的描述,以及它对不可逆性的强调,与演化联系起来。于是,本书的目的就是讨论存在的物理学和演化的物理学这两者之间的关系。

而在讨论这个关系之前,还是应该先叙述一下存在的物理学。为此,我们对经典力学和量子力学做了一个简短的概述,着重强调它们的基本概念以及它们当前的局限性。接着,我们讨论演化的物理学,其中有对包括自组织基本问题在内的现代热力学的一个简短介绍。

然后,我们想讨论中心问题:存在与演化之间的过渡。我们对物质世界所做的描述,虽然必定是不完全的,但在逻辑上是相关的。今天,这种描述能提供到什么程度呢?我们已经达到了知识的某种统一,还是科学基于互相矛盾的前提而被拆散成几部分?这样的问题将使我们对时间的作用有一个更加深刻的理解。科学的统一问题与时间的问题是紧密相连的,我们无法抛开其中一个去研究另一个。

经典力学

引　言

经典力学是当代理论物理学中最古老的部分,甚至可以说,现代科学就是从伽利略和牛顿对力学的表述开始的。西方文明中的一些最伟大的科学家如拉格朗日、哈密顿和彭加勒等,都为经典力学做出过有决定意义的贡献。不仅如此,经典力学还是 20 世纪的科学革命如相对论和量子理论的起点。

不幸的是,多数的大学课本却把经典力学当作一门封闭的学科。我们将看到,经典力学并非一门封闭的学科,实际上,它是一门迅速进化着的学科。过去的 20 年间,科尔莫戈罗夫(A. Kolmogoroff)、阿诺德(V. Ar-nold)、莫泽(J. Moser)以及其他人介绍了一些重要的新发现,而在不久的将来,还可望有更重大的进展。

经典动力学已成为科学方法的范例。在法文中，人们常用"理性"力学这个词，意思是经典力学的定律正是理性的定律。经典动力学的属性之一是严格的决定论。在动力学中要基本上分清可任意给定的初始条件和用来计算系统以后（或以前）的动力学态的运动方程。如我们将要看到的那样，只有当一个完全确定的初始态的概念并不意味着过分理想化时，经典动力学的这个严格决定论的信念才是正确的。现代动力学是和开普勒的行星运动定律以及牛顿对"二体问题"的解一起诞生的。但是，只要我们一考虑第三个物体，比如说第二个行星，问题就变得惊人的复杂。只要系统足够复杂（例如在"三体问题"中），我们就会看到，关于系统初始状态的知识，无论具有怎样的有限精度，也无法使我们预言该系统在过了一长段时间后的状态。即使确定这个初始状态时精度变得任意大，这个预言的不确定性也还是存在。甚至从原则上也不可能知道，比如我们所居住的太阳系在整个未来是否稳定。这样的考虑极大地限制了轨道或世界线概念的可用性。所以，我们不得不去考虑和我们测量结果相容的那些世界线的系综(见图2.1)。但是,只要我们一离开对单个轨道的考虑,我们便离开了严格决定论的模型,我们就只能做出统计的预言,预报平均的结果。

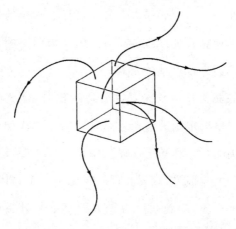

图2.1 由与系统初始状态相对应的相空间
中的一个有限区域发出的各种轨道

事情的变化往往是奇妙的。多年来,经典正统观念的支持者力图把统计的观点赶出量子力学(见第3章)。爱因斯坦有一句名言:"上帝是不掷骰子的。"但我们现在看到,只要一考虑比较长的时间,就连经典动力学本身也需要统计的方法。还有更为重要的,那就是我们必须承认这样的事实：尽管经典动力学在一切理论科学中也许是最精致的，但它也不是一个所谓的"封闭"科学。我们可以对它提出一些有意义的问题，而它对此却给不出回答。

因为经典动力学在一切理论科学中是最古老的，所以它的发展在许多方面揭示了科学进化的内在动力。我们可以看到一些范例的产生、发展和衰亡。可积的动力学系统和遍历的动力学系统等概念就是这样的范例。

量子力学

引　言

如我们在第 2 章中已说明的那样，只是在最近，我们才开始了解动力学描述的复杂性（即使是在经典动力学框架中的）。尽管如此，经典动力学还是企图表现某种与描述方式无关的内在的现实性。正是量子力学动摇了伽利略奠定的物理学基础。它打破了这样的信念：从朴素的意义上说，物理描述乃是现实主义的。物理学的语言表现了系统与实验和测量条件无关的性质。

量子力学的历史十分有趣。量子力学是从普朗克试图调和动力学与热力学第二定律而开始的。玻耳兹曼曾经对相互作用的粒子考虑过这个问题（我们将在第 7 章论述），普朗克当时想，研究物质和辐射的相互作用应该是比较容易的，可是他的这个目的没有达到。然而他却在他的尝试中发现了那个以他的名字命名的普适常数 h。

有一段时间，量子论和热力学在黑体辐射理论和比热理论上保持着联系。当哈斯(A. Haas)1908 年在维也纳，作为他学位论文的一部分提出了那个可以看成是玻尔电子轨道理论的先声的方法时，遭到了学界的拒绝，理由是：量子论和动力学没有关系。

当玻尔-索末菲的原子模型获得很大的成功的时候，情况发生了急剧的变化。这件事清楚地表明，有必要建立一个新的力学，使普朗克常数能相应地结合进去。这项工作是德布罗意(de Broglie)、海森伯(Heisenberg)、玻恩(Born)、狄拉克(Dirac)等人完成的。

由于本书的范围所限，不可能详细讨论量子力学，下面只集中讨论某些概念，即对于我们的问题——物理学中时间的作用和不可逆性——来说是必不可少的那些概念。

在 20 世纪 20 年代中期形成的"经典"量子论受到了我们在第 2 章中概括的哈密顿理论的启发。正如哈密顿理论一样，经典量子论在转子、谐振子或氢原子等简单的系统中获得了巨大的成功。也正如在经典动力学中的情况一样，当考虑复杂一些的情况时，便出现了问题。

能把基本粒子的概念协调地纳入量子力学吗？量子力学能描述衰变过程吗？这些就是我们目前要强调的问题。我们将在本书的第三部分，在讨论从存在到演化的桥梁的时候，再回到这些问题上来。

引入量子力学的目的是为了描述原子和分子的行为，从这个意义上说，它是个微观理论。因此，当它引出了我们所要观察的微观世界同我们自身以及测量设备所属的宏观世界之间的关系问题时，是令人惊奇的。人们的确可以说，量子力学把动力学描述和测量过程之间的矛盾变得明显了，这个矛盾在量子力学出现之前，曾是隐含着的。在经典物理学中，人们常使用刚性杆和时钟作为理想测量的模型。它们曾是爱因斯坦在他的"思想实验"中所用的主要工具。但是玻尔强调了在测量中有一个附加的因素。每个测量，从内在的意义上说，都是不可逆的。测量中所进行的记录和放大，总是和光的吸收或发射这样一些不可逆事件相关联的。

动力学把时间当作不选择方向的参数来处理,怎么能引出与测量分不开的不可逆性的因素呢?这个问题现在正吸引着大家的注意力。也许,科学与哲学在其中互相渗透的当代最热门的问题之一是:我们能否在"孤立"之中认识微观世界?事实上,我们认识物质,尤其是它的微观性质,仅仅是依靠测量设备才能进行的,而这些测量设备本身是由大量的原子或分子组成的宏观客体。在某种意义上说,这些设备扩展了我们的感官功能,各种仪器无非是我们所要探讨的世界与我们自身之间的媒介。

我们将看到,量子系统的状态是由波函数决定的。这个波函数满足一个动力学方程,这个方程就像经典动力学方程一样,对于时间来说是可逆的。因此这个方程本身不能描述测量的不可逆性。

量子力学的新特点是,我们既需要可逆性,也需要不可逆性。当然,在某种意义上说,经典物理学中早已如此了。在那里我们使用了两类方程,比如对于时间可逆的哈密顿动力学方程和描述不可逆过程的傅立叶温度变化方程。不过,这个问题可以通过把热学方程限定为没有任何基本意义的唯象方程来消除。但是,怎样消除测量的问题呢?测量正是我们和物质世界之间联系的方式。

量子力学是完备的吗?

鉴于已经给出的讨论,我相信,对这个问题的回答可以有把握地说:"不是。"量子力学曾经受到原子光谱学中事态的直接启发。电子围绕原子核"旋转"的周期①具有 10^{-16} 秒的数量级,典型的寿命是 10^{-9} 秒。因此,一个激发态电子在它落到基态之前要旋转 10000000 次。正如玻尔和海森伯所深为了解的那样,正是这个侥幸的机会才使得量子力学如此成功。但是今天我们不能再满足于近似方法了。这种近似把时间演化的非周期部分当作小的不重要的微扰效应来处理。如在测量问题中一样。这里我们又一次面对着不可逆性的概念。爱因斯坦具有惊人的物理识别力,他注意到了当时所用的量子化的形式(即在玻尔-索末菲理论中的量子化)仅

―――――――――
① 原文为 frequency,此处依上下文改译为周期。——译者注

适用于准周期运动（在经典力学中用可积系统描述的运动）。当然，从那以后，量子力学的研究已经取得了初步进展。尽管如此，这个问题依然存在。

我们所面临的是物理学中理想化的真正含义。我们应该把有限体积系统的量子力学（它因此具有分立的能谱）看作是量子力学的基本形式吗？那样一来，衰变、寿命等问题就必须看作是和附加的"近似"有关，这个附加"近似"包括为得到一个连续谱而来的无穷大系统的极限。或者反过来说，谁都没见过处于激发态而不衰变的原子，这是无可争议的。那么，物理的"实在"就相当于具有连续谱的一些系统，而标准量子力学就仅仅作为一个有用的理想化情况，一个简化了的极限情况而出现。这就更加和下面这种看法一致了：基本粒子乃是基本场的表现（如光子对于电磁场的情形一样），而场在本质上不是局部的，因为它们遍布在空间和时间的整个宏观区域。

最后，量子力学把统计特性引入物理学的基本描述中是很有趣的。这一点在海森伯测不准关系中表达得十分清楚。须注意，对于时间和能量（即哈密顿算符），并不存在类似的测不准关系。通过把时间变化与 H_{op} 关联起来的薛定谔方程,这样一个测不准关系可以理解成时间和变化之间即存在和演化之间的并协性。但是在量子力学中,也和在经典力学中一样,时间只是一个数(而不是算符)。

我们将看到,在隐含着趋向连续谱极限的某些情况下,这个附加的测不准关系甚至在经典力学的刘维算符和时间之间也能建立起来了。如果是这样,时间就获得了一个新的附加含义——它成为一个和算符有关的量了。

热　力　学

熵和玻耳兹曼的有序性原理

　　本书第 2 章和第 3 章所讨论的是和可逆现象相对应的时间的物理学，因为无论是哈密顿方程还是薛定谔方程，对于 $t \rightarrow -t$ 的替换都是不变的。这种情况我称之为存在的物理学。现在我们转到演化的物理学，说得明确一点，转到热力学第二定律所描述的不可逆过程。在本章和随后的两章[①]中，我们将严格地采取唯象的观点。我们将不问可能与动力学有什么关系，但我们要概括出一些方法，这些方法在很宽的范围（从热传导这样的简单不可逆过程直到包含自组织的复杂过程的范围）内，成功地描述了单向的时间现象。

　　从热力学第二定律的表述开始，它就强调了不可逆

[①]　指原书第 5 章和第 6 章。——本书编辑注

过程所起的独特的作用。汤姆孙(William Thomson,又称 Lord Kelvin,即开尔文勋爵)首次给出热力学第二定律一般表述的论文题就是:"论自然界中机械能耗散的普遍倾向。"克劳修斯还使用了宇宙学的语言:"宇宙的熵趋于最大。"不过,必须承认,热力学第二定律的表述对于我们今天来说,更像是一个纲领而不像是十分确定的陈述。因为无论是汤姆孙还是克劳修斯,都没有给出任何方法,用可观察量来表示熵的变化。这个表述之缺乏明确性,大概就是为什么热力学的应用很快就局限于平衡态即热力学进化终态的原因之一。例如,吉布斯的在热力学史上有过如此影响的经典著作就曾小心地回避了对非平衡过程这个领域的任何干预。另一个原因很可能就是,在许多问题中不可逆过程是个很讨厌的东西,例如,它是获得热机最大效率的一个障碍。因此制造热机的工程师们的目标,就是使不可逆过程所带来的损失达到极小。

只是到了最近,才出现了看法上的彻底改变,而且我们开始理解了不可逆过程在物质世界中所起的建设性作用。当然,尽管如此,平衡态的情况仍然是最简单的。因为在这种情况下,与熵有关的变量的数目最少。让我们先简要地回顾一下某些经典的论点。

我们考虑一个只和外界交换能量,不和外界交换物质的系统,这样的系统称为封闭系统。与此相反,和外界既交换能量也交换物质的系统叫作开放系统。假设这个封闭系统处于平衡态,因此熵产生为零。另一方面,宏观熵的改变由从外界所得到的热量来决定。按定义,

$$d_e S = \frac{dQ}{T}, \quad d_i S = 0 \qquad (4.1)$$

其中 T 是个正的量,称作绝对温度。

让我们把这个关系式与适合这种简单系统的热力学第一定律结合起来:

$$dE = dQ - p\,dV \qquad (4.2)$$

其中 E 是能量,p 是压强,V 是体积。这个公式表明,在一个小的时间间隔 dt 内,系统与外界交换的能量等于系统所获得的热量加上在其边界上所做的机械功。合并方程 4.1 和方程 4.2,我们得到用变量 E 和 V 表达的熵的全微分

$$dS = \frac{dE}{T} + p\,\frac{dV}{T} \qquad (4.3)$$

吉布斯把这个公式推广了,使它包括组分的改变量。令 $n_1, n_2, n_3, \cdots$ 是各组分的物质的量,于是我们可以写出

$$dS = \left(\frac{\partial S}{\partial E}\right) dE + \frac{\partial S}{\partial V} dV + \sum_\gamma \left(\frac{\partial S}{\partial n_\gamma}\right) dn_\gamma$$

$$= \frac{dE}{T} + \frac{p}{T} dV - \sum \frac{\mu_\gamma}{T} dn_\gamma \qquad (4.3')$$

量 μ_γ 按定义是吉布斯所引入的化学势,方程 4.3′ 称作熵的吉布斯公式。化学势本身是热力学变量如温度、压强、浓度等的函数。对于所谓理想系统[①]化学势取特别简单的形式,即化学势与组分的物质的量 $N_\gamma = n_\gamma / (\sum n_\gamma)$ 的对数有关系:

$$\mu_\gamma = \zeta_\gamma(p, T) + RT \log N_\gamma \qquad (4.4)$$

其中 R 是气体常数(等于玻耳兹曼常数 k 与阿伏伽德罗数的乘积),$\zeta_\gamma(p, T)$ 是压强和温度的某个函数。

除了熵以外,人们常引入其他的热力学势,比如亥姆霍兹自由能,其定义如下:

$$F = E - TS \qquad (4.5)$$

很容易证明,适用于孤立系统的熵增加定律可以适用于

_____

① 理想系统的例子是稀溶液或理想气体。

恒温系统的自由能减少定律来代替。

方程 4.5 的结构反映了能量 E 和熵 S 之间的竞争。我们知道,在低温下第二项可以忽略,F 的最小值给出相应于最小能量而且一般也相应于低熵的结构。但随着温度的增加,系统就变到熵越来越高的结构。

经验证明了这些想法,因为在低温下我们看到以低熵有序结构为特点的固态,而在高温时我们看到高熵的气态。物理学中一定类型的有序结构的形成乃是热力学定律应用于热平衡封闭系统的一个结果。

在第 1 章中我们曾给出玻耳兹曼用配容对熵所做的简单解释。让我们把这个公式用于能级为 E_1,E_2,E_3 的系统。在总能量和粒子数固定时,通过寻找使配容数(式 1.9)为最大的占据数,我们得到玻耳兹曼基本公式,以求出占据给定能级 E_i 的概率 P_i:

$$P_i = e^{-E_i/kT} \qquad (4.6)$$

其中 k 和式 1.10 中一样,是玻耳兹曼常数,T 是温度,E_i 是所选能级的能量。假设我们考虑一个仅有三个能级的简化系统,那么玻耳兹曼公式即方程 4.6 将告诉我们在平衡时,这三个态中的每一个态中找到分子的概率。在极低的温度下,即 $T \rightarrow 0$,只有对应于最低能级的概率是重要的,因此我们得到图 4.1 的情形,其中所有分子实际上都处在最低的能级 E_1,因为

$$e^{-E_1/kT} \gg e^{-E_2/kT}, \ e^{-E_3/kT} \quad (4.7)$$

但在高温下,三个概率将变得大体上相等,即

$$e^{-E_1/kT} \approx e^{-E_2/kT} \approx e^{-E_3/kT} \quad (4.8)$$

因此这三个态被近似均等地占据(见图 4.2)。

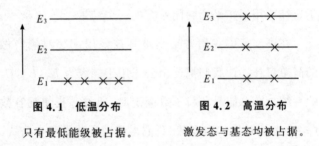

图 4.1　低温分布　　　　图 4.2　高温分布

只有最低能级被占据。　　激发态与基态均被占据。

　　玻耳兹曼的概率分布即方程 4.6 为我们提供了支配各种平衡态结构的基本原则。把它称作玻耳兹曼有序性原理可能是恰当的。它具有头等的重要性,因为它能描述多种多样的结构,例如包括像雪花晶体那样复杂、精致、美丽的结构(见图 4.3)。

图 4.3 典型的雪花晶体

玻耳兹曼有序性原理解释了平衡结构的存在,但还可以提出这样的问题:它们是我们周围所见到的唯一类型的结构吗?即使在经典物理学中,也有许多非平衡态导致有序的现象。当对两种不同气体的混合物加上一个热梯度时,我们就会观察到,该混合气体的一种成分将在热壁处增加起来,而另一种成分却在冷壁一端集中起来。这个现象在 19 世纪就已观察到了,被称为热扩散。定态中的熵,一般低于均匀结构中所应有的熵。这说明,非平衡态也许是有序的来源。正是这个观察,开拓了布鲁塞尔学派所创始的观点。

当我们转向生物学或社会现象时,不可逆过程的作用变得大为显著。即使在最简单的细胞中,新陈代谢的功能也包括几千个耦合的化学反应,并因此而需要一个精巧的机制来加以协调和控制。换句话说,我们需要极其精致的有功能的组织。还有,代谢反应需要特殊的催化剂——酶,酶是具有空间结构的大分子而且有机体都会合成这些物质。催化剂是一种物质,它能加速一定的化学反应,但在反应中它自己并不被用掉。每种酶或催化剂完成一种特定的工作。如果我们看一下细胞所进行的复杂而有顺序的操作,我们就会发现其操作方式组织得简直就像现代工厂里的装配线一样有序(见图 4.4)。

总的化学变化被分为一些连续的基元步骤,每步由一种特定的酶来催化。在图中,初始化合物用 S_1 表示;在每层膜当中有一种"被囚禁"的酶,对物质进行一定的

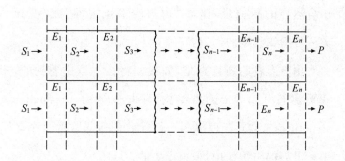

图 4.4　多重酶反应的镶嵌模型

底物 S_1 通过一些连续变化在所"俘获"的酶的作用下变为产物 P。

操作,然后把它送到下一阶段。十分清楚,如此有组织的结构绝不会是朝着分子无序方向演变的结果! 生物学的有序性既是结构上的,也是功能上的;而且,在细胞的或超细胞的水平上,它是通过一系列不断增长复杂性和层次特点的结构和耦合功能表现出来的。这和孤立系统热力学所描述的演化概念正好相反,热力学的演化概念只是导致具有最大配容数的态,因而也就是导致"无序"。于是,我们是否必须像凯卢瓦(Caillois)所做的那样,得出"克劳修斯与达尔文不可能同时都对"的结论;或者我们应该与斯宾塞(Spencer)一起,引入某个关于自然界的新原理,诸如"均匀的不稳定性"或"变异力——组织作用的创造者"等。

出乎意料的新特点是,如我们将在本章中看到的,非平衡态可以导出新型结构,即耗散结构(dissipative structures),它对于理解相干性和我们所居住的这个非平衡世界的组织作用,是很重要的。

线性非平衡态热力学

为了从平衡态转到非平衡态,我们必须用显函数的形式计算熵产生。我们不能再满足于简单的不等式,因为我们要使熵产生和确定的物理过程关联起来。现在,简单地求出熵产生已经成为可能,只要我们假定,即使在平衡态之外,也像在平衡态时一样,熵同样只与 E,V, n_r 等变量有关(在非均匀系统中,我们需假定熵密度依赖于能密度和区域浓度)。作为一个例子,让我们计算封闭系统中化学反应的熵产生。考虑如下反应:

$$X + Y \longrightarrow A + B \qquad (4.9)$$

在时间间隔 dt 中,由组分 X 的反应所引起的物质的量

的变化,和由 Y 所引起的相等,而和 A,B 所引起的相反,即

$$dn_X = dn_Y = -dn_A = -dn_B = d\xi \qquad (4.10)$$

化学家通常在化学反应中引入一个整数 ν_γ(正的或负的),叫作组分 r 的计量系数。ξ 按定义是化学反应的进展度。于是我们可以写出:

$$dn_\gamma = \nu_\gamma d\xi \qquad (4.11)$$

反应速率是

$$v = \frac{d\xi}{dt} \qquad (4.12)$$

考虑这个表达式以及吉布斯公式 4.3′,我们立即得到

$$dS = \frac{dQ}{T} + \frac{A\,d\xi}{T} \qquad (4.13)$$

其中 A 是由德唐德首先引入的化学反应的亲和势,它和化学势 μ_γ 有如下关系:

$$A = -\sum \nu_\gamma \mu_\gamma \qquad (4.14)$$

式 4.13 的第一项相当于熵流(见式 4.1),而第二项相当于熵产生

$$d_i S = A\,\frac{d\xi}{T} \geqslant 0 \qquad (4.15)$$

利用定义 4.12,我们发现单位时间内的熵产生取如下值得注意的形式:

$$\frac{d_iS}{dt} = \frac{A}{T}v \geqslant 0 \qquad (4.16)$$

这是不可逆过程(在此处是化学反应)的速率 v 和相应的力(在此处是 $\frac{A}{T}$)的双线性形式。这类计算可加以推广:从吉布斯公式 4.3′ 出发,得到

$$\frac{d_iS}{dt} = \sum_j X_j J_j \geqslant 0 \qquad (4.17)$$

其中 J_j 代表各种不可逆过程(如化学反应、热流、扩散等)的速率,而 X_j 是相应的广义力(如亲和势、温度梯度、化学势等)。这就是宏观不可逆过程热力学的基本公式。

应该强调指出,为了导出关于熵产生的显函数形式 4.17,我们使用了附加的假定。吉布斯公式 4.3′ 的有效性只能建立在平衡态的某个邻域内,这个邻域规定了"局域"平衡的范围。

在热力学平衡态,对于一切不可逆过程,我们同时有

$$J_i = 0, \; X_i = 0 \qquad (4.18)$$

因此,至少在靠近平衡态时假定流和力之间有线性齐次关系,就是很自然的了。这种设想自然而然地包括了一些经验定律,例如说明热的流动与温度梯度成正比的傅立叶定律;表明扩散流与浓度梯度成正比的斐克扩散定律等。这样,我们得到下式所表达的不可逆过程的线性热力学:

$$J_i = \sum_j L_{ij} X_j \qquad (4.19)$$

不可逆过程的线性热力学受到两个重要结果的支配。第一个就是翁萨格所表达的倒易关系,这个倒易关系指出:

$$L_{ij} = L_{ji} \qquad (4.20)$$

只要和不可逆过程 i 相应的流 J_i 受到不可逆过程 j 的力 X_j 的影响,那么,流 J_j 也会通过同样的系数 L_{ij} 受到力 X_i 的影响。

翁萨格倒易关系的重要意义在于它们的普适性。它们已受到许多实验的检验。它们的有效第一次表明了,非平衡态热力学也和平衡态热力学一样导出了与任何特定的分子模型无关的普适结果。倒易关系的发现确实成了热力学史上的一个转折点。

翁萨格关系的一个简单应用涉及晶体中的导热性。按照倒易关系，不管晶体的对称性如何，热传导张量应是对称张量。这个重要性质实际上已由福格特（Voigt）在19世纪用实验的方法证实了，它相当于翁萨格关系的一个特殊情况。

翁萨格关系的证明可在一般教科书中找到。对于我们来说重要的是，翁萨格关系对应于与任何分子模型无关的普遍性质。正是这个特点使其成为热力学的一个成果。

应用翁萨格关系的另一个例子是两个容器所组成的系统，这两个容器用毛细管或薄膜连接起来，容器之间保持一定的温差。这个系统有两种力，比如说 X_k 和 X_m，分别对应于两个容器间的温差和化学势差。其相应的流是 J_k 和 J_m。当系统达到某个态时，其中的物质传输为零，而在不同温度下的两相之间的能量传输仍继续着，我们就说系统这时达到了一个非平衡定态。这样的态和平衡态之间不应有任何混淆，平衡态的特点是熵产生为零。

按照方程 4.17,熵产生由

$$\frac{d_i S}{dt} = J_k X_k + J_m X_m \qquad (4.21)$$

以及线性唯象定律(见式 4.19)给出:

$$
\begin{aligned}
J_k &= L_{11} X_k + L_{12} X_m, \\
J_m &= L_{21} X_k + L_{22} X_m
\end{aligned}
\qquad (4.22)
$$

对于定态,物质流为零:

$$J_m = L_{21} X_k + L_{22} X_m = 0 \qquad (4.23)$$

系数 $L_{11}, L_{12}, L_{21}, L_{22}$ 都是可测量的量,因此我们可以证明,确有

$$L_{12} = L_{21} \qquad (4.24)$$

这个例子还能用以说明线性非平衡系统的第二个重要性质:最小熵产生定理。很容易看到,方程 4.23 与 4.24 合在一起等价于下述条件:对于给定的常数 X_k,熵产生(式 4.21)为最小。由方程 4.21,4.22 和 4.24 可得

$$\frac{1}{2} \frac{\partial}{\partial X_m} \left(\frac{d_i S}{dt} \right) = (L_{12} X_k + L_{21} X_m) = J_m \qquad (4.25)$$

因此,物质流为零(式 4.23)就等价于极值条件

$$\frac{\partial}{\partial X_m}\left(\frac{\mathrm{d_i}S}{\mathrm{d}t}\right) = 0 \qquad (4.26)$$

最小熵产生定理表达了非平衡系统的一种"惯性"。当给定的边界条件阻止系统达到热力学平衡态(即零熵产生)时,系统就落入"最小耗散"的态。

建立这个定理的时候我们就清楚,这个特性仅在平衡态的邻域内才是严格有效的。多年来我们做出了巨大的努力想把这个定理推广,以便能适于远离平衡态的情况。但是令人深感诧异,最后证明的却是:在远离平衡态的系统中,热力学行为与用最小熵产生定理所预言的行为相比,可以颇为不同,甚至实际上完全相反。

值得注意的是,这种意外的行为在经典流体力学所研究的一般情况中就已经观察到了。第一次用这个观点分析的例子是所谓"贝纳尔不稳定性"(Bénard instability)。

考虑一个在恒定重力场中两个无限平行板之间的水平液层,保持下边界的温度为 T_1,上边界的温度为 T_2,且 $T_1 > T_2$。对于"逆"梯度 $(T_1 - T_2)/(T_1 + T_2)$ 的足够大的值,静止的状态变成不稳定状态,对流发生了。

于是熵产生就增加,因为对流提供了热传输的一个新的机制(见图 4.5)。

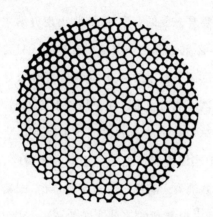

图 4.5　在一个从下面加热的液体中,从
上面看到的对流格子的空间花样。

此外,对流形成之后出现的流的运动和静止状态的微观流动相比是一个有高度组织的状态。实际上,为了得到一个可以辨认的流动花样,数目很多的分子要以相干方式在一个足够长的时间内移过可观察的距离。

这里,对于非平衡态可以是有序的起源这一事实,我们有了一个很好的例证。我们将在本章《化学反应中的应用》一节看到,不光是流体力学系统,对于化学系统,只要满足加在动力学定律上的一些确定的条件,这一例证也确是成立的。

按照玻耳兹曼的有序性原理,出现贝纳尔对流的概率几乎为零,注意到这一点是很有趣的。只要新的相干态出现在远离平衡态的地方,包含在配容数计数之中的概率理论就不能应用了。在贝纳尔对流的情况中,我们可以想象总是有一些小的对流作为对平均状态的涨落而出现,但当温度梯度低于一定的临界值时,这些涨落将被阻尼并消失。若超过了这个临界值,则某些涨落被放大,并且出现宏观的流动。新的分子有序性出现了,它基本上相当于因与外界交换能量而稳定化了的巨型涨落。这个有序性的特点就是出现了我们所说的"耗散结构"。

在进一步讨论耗散结构出现的可能性之前,让我们简短地复习一下热力学稳定性理论的一些方面,这些将在有关耗散结构出现的条件方面给我们一些有益的知识。

热力学稳定性理论

热力学的平衡态,或者线性非平衡热力学中对应于最小熵产生的定态,都是能自动稳定的态。在第 1 章中我们已介绍了李雅普诺夫函数的概念。显然,在线性非平衡态热力学范围内的熵产生是这样的一个李雅普诺夫函数:如果一个系统被微扰,熵产生便将增加,但是系统则要发生反应以回到熵产生最小的态。对于远离平衡系统的讨论,再引入另一个李雅普诺夫函数是有用的。我们知道,孤立系统的平衡态,当对应于熵产生最大值时是稳定的。如果我们微扰一个接近平衡值 S_e 的系统,就得到

$$S = S_e + \delta S + \frac{1}{2}\delta^2 S \qquad (4.27)$$

不过,因为在平衡态 S_e 时,熵函数 S 有最大值,上式的一阶项为零,所以稳定性由二阶项 $\delta^2 S$ 的符号决定。

基础热力学的知识使我们能以显函数形式计算这个重要的表达式。首先考虑只有一个独立变量的微扰即式 $4.3'$ 中能量 E 的微扰,则我们有

$$\delta S = \frac{\delta E}{T}$$

和

$$\delta^2 S = \frac{\partial^2 S}{\partial E^2}(\delta E)^2 = \frac{\partial \frac{1}{T}}{\partial E}(\delta E)^2 = -C_v \frac{(\delta T)^2}{T^2} < 0$$

$$(4.28)$$

这里我们用到了这样一个事实,即定义比热容为

$$C_v = \left(\frac{\mathrm{d}E}{\mathrm{d}T}\right)_v \qquad (4.29)$$

并且比热容是正的量。对更为一般的情况,如果我们对式 4.3′ 中的所有变量都加上微扰,我们就得到一个二次型。这里我们只给出结果:

$$T\delta^2 S = -\left[\frac{C_v}{T}(\delta T)^2 + \frac{\rho}{X}(\delta v)^2 N_j + \sum_{jj'}\mu_{jj'}\delta N_j \delta N_{j'}\right] < 0$$

$$(4.30)$$

式中 ρ 是密度,$v = \frac{1}{\rho}$ 是比热容(下标 N_j 的意思是,当 N_j 变化时,组分保持不变),X 是等温压缩率,N_j 是组分 j 的物质的量,$\mu_{jj'}$ 是导数,即

$$\mu_{jj'} = \left(\frac{\partial \mu_j}{\partial N_{j'}}\right)_{p,T} \tag{4.31}$$

经典热力学的基本稳定条件是

$$C_v > 0\,(热稳定) \tag{4.32}$$

$$X > 0\,(机械稳定) \tag{4.33}$$

$$\sum_{jj'} \mu_{jj'} \delta N_j \delta N_{j'} > 0\,(对于扩散的稳定) \tag{4.34}$$

这些条件的每一个都有简单的物理意义。例如,假若违反了条件 4.32,则小的温度涨落不是被阻尼,而是通过傅立叶方程被放大。

满足这些条件时,$\delta^2 S$ 是一个负定的量。而且可以证明,$\delta^2 S$ 对时间的导数和熵产生 P 之间有如下的关系:

$$\frac{1}{2}\frac{\partial}{\partial t}\delta^2 S = \sum_{\rho} J_{\rho} X_{\rho} = P \geqslant 0 \tag{4.35}$$

其中 P 的定义为

$$P \equiv \frac{d_i S}{dt} \geqslant 0 \tag{4.36}$$

由不等式 4.30 和 4.35 得出 $\delta^2 S$ 是一个李雅普诺夫函数,并且由于它的存在保证了对所有涨落的阻尼。这就是为什么在靠近平衡态时对于大系统有一个宏观描述就足够了的原因。涨落只起一个次要的作用,对于大系统来说,它们是定律的一个可以忽略的修正项。

这个稳定性能够外推到远离平衡态的系统吗?当我们考虑对平衡态有较大偏离但仍在宏观描述的框架之内时,$\delta^2 S$ 还起到李雅普诺夫函数的作用吗?为了回答这些问题,要计算微扰 $\delta^2 S$,但现在是处于非平衡态的一个系统。在宏观描述的范围内,不等式 4.30 仍保持有效。然而 $\delta^2 S$ 对时间的导数不再像式 4.35 中那样和总的熵产生有关,而是和这个微扰所引起的熵产生有关。换句话说,如格兰斯多夫和我已经证明过的那样,我们现在有

$$\frac{1}{2}\frac{\partial}{\partial t}\delta^2 S = \sum_\rho \delta J_\rho \delta X_\rho \qquad (4.37)$$

右边就是我们所称谓的剩余熵产生。让我们再次强调,δJ_ρ 和 δX_ρ 是对定态 J_ρ 和 X_ρ 的偏离,而该定态的稳定性是我们正要通过微扰来检验的。和平衡态或近平衡态所发生的情况相反,方程 4.37 的右边(即剩余熵产生)在一般情况下具有不确定的符号。如果对于大于某固定时刻 t_0(这里 t_0 可以是微扰的开始时刻)的所有 t

我们有

$$\sum_{\rho}\delta J_{\rho}\delta X_{\rho}\geqslant 0 \qquad (4.38)$$

那么$\delta^2 S$就是李雅普诺夫函数,并且稳定性是可靠的。注意,在线性区,剩余熵产生和熵产生有相同的符号,我们就又得到最小熵产生定理的同一结果。但在远离平衡态的区域中,情况改变了。在那里,化学动力学的形式起着主要的作用。

下节中我们将举出几个化学动力学效应的例子。对于某些类型的化学动力学,系统可能变为不稳定的。这说明,在平衡态的定律与远离平衡态的定律之间有着本质的区别。平衡态的定律是普适的。但远离平衡态时,行为可能变得非常特殊。当然这是一个受欢迎的情况,因为它允许我们引入物理系统行为上的差别,而这种差别在平衡世界中是无法理解的。

假设我们考虑如下类型的化学反应:

$$\{A\}\longrightarrow\{X\}\longrightarrow\{F\} \qquad (4.39)$$

其中$\{A\}$是一组初始反应物,$\{X\}$是一组中间产物,$\{F\}$是一组最终产物。化学反应方程通常是非线性的。因此对于中间浓度我们将得到许多解(见图4.6)。在这些解当中,有一个对应于热力学平衡态,而且可以延长到非平衡区域,我们称之为热力学分支。重要的新特点是,这个热力学分支在离平衡态的某个临界距离处可以变得失稳。

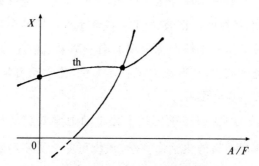

图 4.6 对应于化学反应 4.39 的各种定态解

0 对应于热力学平衡态;"th"是"热力学分支"。

化学反应中的应用

让我们把前面所述的形式体系应用到化学反应的情形。李雅普诺夫函数存在的条件 4.38 在这里变成

$$\sum_\rho \delta v_\rho \delta A_\rho \geqslant 0 \qquad (4.40)$$

其中 δv_ρ 是化学反应速率的微扰,δA_ρ 是方程 4.14 中所定义的化学亲和势的微扰。考虑下面的化学反应:

$$X + Y \longrightarrow C + D \qquad (4.41)$$

因为我们所感兴趣的主要是远离平衡态的情况,所以我们忽略逆反应,并对反应速率[1]写出

$$v = XY \qquad (4.42)$$

按照式 4.4 和式 4.14,对于理想系统,亲和势是浓度的对数函数。因此,

$$A = \log \frac{XY}{CD} \qquad (4.43)$$

浓度 X 在某个定态值附近的涨落,引起剩余熵产生:

$$\delta v \cdot \delta A = (Y\delta X) \cdot \left(\frac{\delta X}{X}\right) = \frac{Y}{X}(\delta X)^2 > 0 \qquad (4.44)$$

因此,这样的涨落不可能违反稳定条件(式 4.40)

我们现在考虑自催化反应(以代替式 4.41):

$$X + Y \longrightarrow 2X。 \qquad (4.45)$$

仍假定反应速率由式 4.42 给出,但现在的亲和势是

$$A = \log \frac{XY}{X^2} = \log \frac{Y}{X} \qquad (4.46)$$

现在我们得到对剩余熵产生的"危险的"贡献:

$$\delta v \delta A = (Y\delta X)\left(-\frac{\delta X}{X}\right) = -\frac{Y}{X}(\delta X)^2 < 0 \qquad (4.47)$$

---

① 为简化起见,我们取所有的动力学常数和平衡常数以及 RT 都等于单位 1;并且把 X 的浓度 C_X 写作 X,等等。

负号并非意味着微扰了的定态必然失稳，只是意味着有失稳的可能（正号是稳定的充分条件，但不是必要条件）。然而一般的结果是热力学分支的失稳必然引起自催化反应。

人们立刻想起这样的事实，即大多数生物学反应含有反馈机制。比如在第 5 章中我们将说明，对于活系统的新陈代谢来说是不可缺少的富能分子三磷酸腺苷（ATP），就是通过酵解循环中的一系列反应产生的；而这个循环在开始时就已经含有 ATP 了。为了生产 ATP，我们需要 ATP。另一个例子是，为制造细胞，我们必须从细胞开始。

因此，把生物系统中如此典型的结构同热力学分支稳定性的破坏互相关联起来是件非常诱人的事。结构和功能变成密切相关了。

为了用一种清晰的方法掌握这个要点，让我们考虑催化反应的某些简单模式。例如

$$A + X \xrightarrow{k_1} 2X,$$

$$X + Y \xrightarrow{k_2} 2Y,$$

$$Y \xrightarrow{k_3} E \tag{4.48}$$

初始反应物 A 和最终产物 E 的值对于时间保持不变，所以只剩下两个独立变量 X 和 Y。为简化起见，我们忽略逆反应。这是一个自催化反应的模式。X 的浓度增长与 X 的浓度有关，Y 也是一样。

这个模型广泛地应用于生态学模拟中，因为 X 可以代表使用 A 的食草动物，而 Y 可以代表以牺牲食草动物为代价而繁殖的食肉动物。这个模型在文献中是和洛特卡(Lotka)和沃尔特拉(Volterra)的名字连在一起的。

我们写出相应的动力学定律：

$$\frac{\mathrm{d}X}{\mathrm{d}t} = k_1 A X - k_2 X Y \qquad (4.49)$$

$$\frac{\mathrm{d}Y}{\mathrm{d}t} = k_2 X Y - k_3 Y \qquad (4.50)$$

它们容许一个单一非零定态解：

$$X_0 = \frac{k_3}{k_2}, \ Y_0 = \frac{k_1}{k_2} A \qquad (4.51)$$

为了研究在这种情况下和热力学稳定性相应的定态的稳定性，我们将要用正则模进行分析。我们写出：

$$X(t) = X_0 + x \mathrm{e}^{\omega t}; Y(t) = Y_0 + y \mathrm{e}^{\omega t} \qquad (4.52)$$

以及

$$\left|\frac{x}{X_0}\right| \ll 1; \quad \left|\frac{y}{Y_0}\right| \ll 1 \qquad (4.53)$$

把方程式 4.52 代入动力学方程 4.49 和 4.50，并略去 x,y 的高次项，我们就得到了对于 ω 的色散方程（色散方程表明齐次线性方程组的行列式为零）。因为我们这里有两个组分 X 和 Y，所以色散方程是二次的，它们的显函数形式是

$$\omega^2 + k_1 k_3 A = 0 \qquad (4.54)$$

显然，稳定性和色散方程根的实部的符号有关。如果对于色散方程的每个解 ω_n 都有

$$\mathrm{re}\,\omega < 0 \qquad (4.55)$$

则始态是稳定的。在洛特卡-沃尔特拉情况中，实部为零，我们得到

$$\mathrm{re}\,\omega_n = 0, \quad \mathrm{im}\,\omega_n = \pm(k_1 k_3 A)^{1/2} \qquad (4.56)$$

这就是说，我们得到所谓临界稳定。系统将围绕定态（式 4.51）旋转。旋转的频率（式 4.56）对应于小微扰的极限。振荡的频率和振幅有关，并且存在无穷多个围绕定态的周期轨道（见图 4.7）。

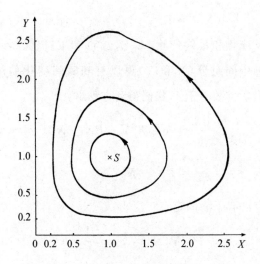

图 4.7 对不同初始条件值所得到的洛特

卡-沃尔特拉模型的周期解

现在我们考虑另一个例子,它近来已被广泛使用,因为它具有令人注目的特点,使我们能模拟广泛的宏观行为。这就是所谓布鲁塞尔器(Brusselator),它对应于如下反应模式:

$$A \longrightarrow X \qquad \qquad (a)$$

$$2X + Y \longrightarrow 3X \qquad \qquad (b)$$

$$B + X \longrightarrow Y + D \qquad \qquad (c)$$

$$X \longrightarrow E \qquad\qquad (d) \qquad (4.57)$$

初始反应物和最终产物(A,B,C,D 和 E)仍保持不变,而两种中间组分(X 和 Y)可以有随时间变化的浓度。令动力学常数等于1,我们得到方程组:

$$\frac{\mathrm{d}X}{\mathrm{d}t} = A + X^2 Y - BX - X \qquad (4.58)$$

$$\frac{\mathrm{d}Y}{\mathrm{d}t} = BX - X^2 Y \qquad (4.59)$$

它们容许有下面的定态:

$$X_0 = A, \ Y_0 = \frac{B}{A} \qquad (4.60)$$

应用正则模分析,像在洛特卡-沃尔特拉的例子中一样,我们得到方程

$$\omega^2 + (A^2 - B + 1)\omega + A^2 = 0 \qquad (4.61)$$

它应和方程 4.54 相对照。

我们立即发现,当

$$B > 1 + A^2 \qquad (4.62)$$

成立时,一个根的实部变为正数。因此,和洛特卡-沃尔特拉方程所发生的情况相反,这个反应模式给出一个真正的失稳。对大于临界值的 B 值所进行的数字计算以及分析工作得出了图 4.8 所示的行为。现在得到了一

个极限环,就是说 XY 空间中的任何初始点都迟早要趋于同一周期轨道。重要的是要注意这个结果的非常意外的特点。现在振荡的频率变成了系统的物理化学态的一个十分确定的函数。而在洛特卡-沃尔特拉情况,我们已经看到,频率基本上是任意的(因为它和振幅有关)。

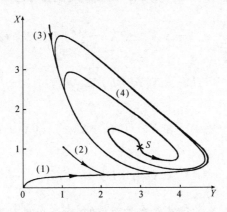

图 4.8　布鲁塞尔器的极限环行为

不同的初始条件得出同一周期性轨道。S 代表非稳的定态。

今天,已经知道了许多振荡系统的例子,尤其是在生物学系统中。而且重要的特点在于:一旦系统的态被给定,它们的振荡频率就是确定的。这说明,这些系统已超出热力学分支的稳定性。这类化学振荡就是所谓的超临界现象。分子机制导出了十分引人注意而又困难的问题,我们将在第 6 章再回到这个问题上来。

极限环并不是超临界行为的唯一可能的形式。假设我们考虑两个盒子(盒 1 及盒 2),它们之间有物质交换。代替方程 4.58 和 4.59,我们得到方程组

$$
\begin{cases}
\dfrac{dX_1}{dt} = A + X_1^2 Y_1 - BX_1 - X_1 + D_X(X_2 - X_1), \\[2mm]
\dfrac{dY_1}{dt} = BX_1 - X_1^2 Y_1 + D_Y(Y_2 - Y_1), \\[2mm]
\dfrac{dX_2}{dt} = A + X_2^2 Y_2 - BX_2 - X_2 + D_X(X_1 - X_2), \\[2mm]
\dfrac{dY_2}{dt} = BX_2 - X_2^2 Y_2 + D_Y(Y_1 - Y_2)
\end{cases}
\tag{4.63}
$$

前两个方程是对盒 1 而言的,后两个是对盒 2 而言的。数字计算表明,在超过临界值的适当条件下,X 和 Y 的相同浓度所对应的热力学态将变为不稳定的。X,Y 的浓度由下式给出(见式 4.60):

$$
X_i = A, \quad Y_i = \frac{B}{A}, \quad (i = 1, 2)
\tag{4.64}
$$

由计算机记录下来的这个行为的一个例子,见图 4.9。

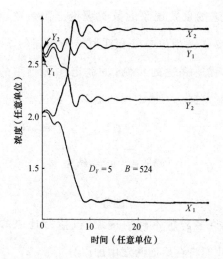

图 4.9　盒 2 中的 Y(即 Y_2)围绕均匀态的微扰由于自催化的
步骤而增加了在该盒中 X(即 X_2)的生成速率。这个效应不
断增长,直到达到一个新的对应于空间对称破缺的态。

　　这里我们得到一个对称破缺的耗散结构。如果定
态 $X_1 > X_2$ 是可能的,那么相应于 $X_2 > X_1$ 的一个对称
的定态当然也是可能的。在宏观方程中无法说明将形
成哪个态。

　　小涨落不再能改变组态,注意到这一点是很重要
的。对称破缺系统一旦建立,就是稳定的。我们将在第

5 章讨论这些重要现象的数学理论。在结束本章的时候,我们要强调指出总是和耗散结构相连的三个方面:用化学方程所表达的功能;不稳定性所产生的时空结构;以及触发这个不稳定性的涨落。这三个方面之间的相互作用

引出许多意想不到的现象,包括通过涨落达到有序,对此我们将在后面两章中加以分析。

自　组　织

稳定性、分支和突变

在上一章①里我们已看到,随着偏离平衡态的距离的远近,热力学描述采取不同的形式。对于我们来说特别重要的事实是:在远离平衡态时,含有催化机制的化学系统可以导致耗散结构。如将表明的那样,耗散结构对于诸如这类系统的大小和形状,加在其界面上的边界条件等带全局性的特性特别敏感。所有这些特性对于会导致耗散结构的那类不稳定性有着决定性的影响。在有些情况下,外部条件的作用可能会更强,例如宏观尺度上的涨落可能导致不稳定性的新类型。

因此在远离平衡态时,化学动力学和反应系统的时空结构之间出现了意想不到的关系。虽然,决定有关动

力学常数和输运系数值的那些相互作用是短程作用（如价键力、氢键、范德华力）。但是，除此之外，有关方程的解还依赖于全局性的特点。这种对全局特性的依赖在靠近平衡态的热力学分支上是无关紧要的，但在工作于远离平衡态条件下的化学系统中，它就变成决定性的了。例如，耗散结构的发生通常要求系统的大小超过某个临界值，而这个临界值是反应扩散过程各参数的一个复杂函数。因此我们可以说，化学不稳定性包含了长程有序性，通过这种长程有序性，系统作为一个整体起作用。

这种全局性的行为使空间和时间的含义深刻化了。几何学和物理学的许多理论都基于通常与欧几里得和伽利略连在一起的关于空间和时间的简单概念上，在这种简单概念中时间是均匀的。时间的平移变换对于物理事件可以不起任何作用。同样，空间也是均匀的，而且是各向同性的，平移和旋转变换也不改变对物理世界的描述。显然，这个空间和时间的简单概念会因耗散结构的发生而打破。耗散结构一旦形成，时间以及空间的均匀性可能就遭到破坏。我们更加接近于亚里士多德所提出的"生物学"的时空观，这我们在序言中已做了简要的叙述。

如果考虑扩散,这些问题的数学表述将涉及对于偏微分方程的研究。这时组分 X_i 的演化将由如下形式的方程组给出

$$\frac{\partial X_i}{\partial t} = v(X_1, X_2, \cdots) + D_i \frac{\partial^2 X_i}{\partial r^2} \qquad (5.1)$$

这里的第一项来自化学反应,并且通常具有简单多项式的形式(如第 4 章《化学反应中的应用》一节[①]中那样),而第二项表示沿坐标 r 的扩散。为简化记法,我们只用了一个坐标 r,而一般说来扩散是发生在三维几何空间中的。这些方程还必须附加边界条件(通常给出在边界上的浓度或流)。

能用这类反应扩散方程描述的现象,其种类之繁多实在令人吃惊。这正是要把对应于热力学分支的那个解看作是"基本解"的原因。其他的解可以由逐级的不稳定性求得,这些逐级的不稳定性是在离平衡态的距离增加的时候发生的。不稳定性的这些类型可以用所谓分支理论的方法来研究。从原则上说,很简单,所谓"分支"就是方程对于某个临界值出现了新的解。例如,假设我们有一个化学反应,对应于如下的速率方程:

---

① 见本书第 98—108 页。——本书编辑注

$$\frac{\mathrm{d}X}{\mathrm{d}t} = \alpha X(X - R) \qquad (5.2)$$

很清楚,对于 $R<0$,唯一与时间无关的解是 $X=0$。在点 $R=0$ 处,我们有一个新的分支,出现一个新解即 $X=R$(见图 5.1),并且用第 4 章《化学反应中的应用》一节所讲解的线性稳定性的方法可以证明,解 $X=0$ 将变得不稳定,而解 $X=R$ 将是稳定的。通常,在增加某特征参数 p(如布鲁塞尔器模式中的 B)的值时,我们得到逐级分支。在图 5.2 中,对于值 p_1 我们有一个解,而对于值 p_2 有多重解。

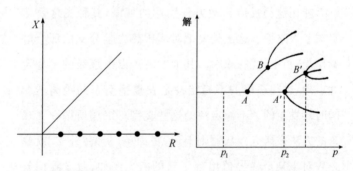

图 5.1　方程 5.2 的分支图

粗实线和点分别表示稳
定分支和不稳定分支。

图 5.2　逐级分支

A 和 A' 代表来自热力学分支的一级
分支点;B 和 B' 代表二级分支点。

有趣的是,在某种意义上说,分支把历史引入到物理学及化学中来,而"历史"这个要素过去似乎只是留给研究生物、社会以及文化现象的学科用的。考虑图 5.2 的分支图所代表的系统,假设由观察所知,该系统处在 C 态,而且是通过 p 值的增加到达这里的,那么对这个 C 态的解释就暗含了对于该系统先前历史的了解,即该系统一定通过了分支点 A 和 B。

对于具有分支的系统的任何描述都同时含有决定论的和概率论的两种因素。系统在两个分支点之间遵守诸如化学动力学定律之类的决定论规律;但在分支点的邻域内,则涨落起着根本的作用,并且决定系统将要遵循的"分支"。对此我们将在第 6 章做详细探讨。分支的数学理论通常是非常复杂的,它常包含十分枯燥的展开式。但也有一些情况,可以使用精确的解。这种系统的一个非常简单的情况是由托姆(R. Thom)的突变理论给出的。当在方程 5.1 中忽略扩散的时候,以及当这些方程是从势函数中导出的时候,可以应用这个突变理论。就是说,方程取如下形式:

$$\frac{\mathrm{d}X_i}{\mathrm{d}t} = -\frac{\partial V}{\partial X_i} \tag{5.3}$$

其中 V 是一种"势函数"。这是一种很例外的情况。但是只要能满足这个理论的条件,就可以通过寻找使定态的稳定性发生变化的那些点来对方程 5.3 的解进行一般的分类。托姆把这些点称为"突变的系综"。

稍后,我们将在本章《分支的可解模型》一节中叙述另一类型可以使用精确的分支理论的系统。

最后,在自组织理论中起重要作用的另一个一般的概念是结构稳定性的概念。作为一个简单说明,我们考察和所谓"捕获物-捕获者竞争"相应的洛特卡-沃尔特拉方程的一个简化形式:

$$\frac{\mathrm{d}x}{\mathrm{d}t} = by, \quad \frac{\mathrm{d}y}{\mathrm{d}t} = -bx \tag{5.4}$$

在 (x, y) 相空间中我们有一个由无穷个闭合轨道组成的集合包围着原点(见图 5.3)。现在我们把方程 5.4 的解和方程

$$\frac{\mathrm{d}x}{\mathrm{d}t} = by + ax, \quad \frac{\mathrm{d}y}{\mathrm{d}t} = -bx + ay \tag{5.5}$$

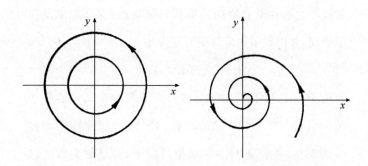

图 5.3　方程 5.4 的轨道　　图 5.4　方程 5.5 的轨道

的解对比一下,在后一种情况,甚至对于参数 $a(a<0)$ 的最小值,点 $x=0$,$y=0$,也是渐近稳定的。该点作为相空间中所有轨道收敛的端点,如图 5.4 所示。按定义,方程 5.4 叫作对"涨落"是"结构不稳定"的。这个涨落略微改变了 x 和 y 之间相互作用的机制,引入了类似出现在方程 5.5 中的项(不过这些项很小)。

　　这个例子似乎有点人为的性质,但是用它可以考虑某种聚合过程的化学反应模式,其中聚合物是由泵入系统的分子 A 和 B 组成的。假设该聚合物有如下的分子构型:

$$A\ B\ A\ B\ A\ B\ \cdots$$

假设产生这种聚合物的反应是自催化的,那么如果发生了错误,并出现了如下的变态聚合物

A B A A B B A B A …

则由于修改了自催化机制,这种变态聚合物就可能在系统中增殖。艾根(M. Eigen)提出了包括这种特性的有益的模型,并且证明了在理想情况下,对于聚合物复制时所发生的错误,系统将向着最佳稳定性进化。他的模型基于"交叉催化"的思想。核苷酸产生蛋白质,蛋白质又反过来产生核苷酸。

这种导致生成反应的环状网络被称作超环。当这样的网络彼此竞争时,它们显示出通过变异和复制向更大的复杂性进化的能力。艾根和舒斯特(Schuster)在最近的工作中提出了与原始复制和翻译装置的分子组织作用有关的"现实性超环"模型。

结构稳定性的概念看来是用最紧凑的方法表达了创新的思想,显示系统出现了原来没有的新机制和新物种。

我们将在本章关于生态学的一节中给出一些这方面的简单例子。

分支：布鲁塞尔器

我们已在第 4 章中介绍过这个模型。它的重要性来自这样的事实：它给出各种各样的解(如极限环、非均匀定态、化学波)，这些解正具有我们在离平衡足够远的现实世界的系统中所观察到的类型。如果包括扩散，布鲁塞尔器的反应扩散方程取如下形式(见式 4.58 和 4.59)：

$$\frac{\partial X}{\partial t} = A + X^2 Y - BX - X + D_X \frac{\partial^2 X}{\partial r^2},$$

$$\frac{\partial Y}{\partial t} = BX - X^2 Y + D_Y \frac{\partial^2 Y}{\partial r^2} \tag{5.6}$$

假如

给出边界上的浓度值，然后我们寻找下面形式的解(见式 4.60)：

$$X = A + X_0(t) \sin \frac{n\pi r}{L},$$

$$Y = \frac{B}{A} + Y_0(t) \sin \frac{n\pi r}{L} \tag{5.7}$$

其中 n 为整数,且 X_0, Y_0 仍和时间有关。这些解满足边界条件:对于 $r=0$ 和 $r=L$,有 $X=A$, $Y=\dfrac{B}{A}$。于是我们可以应用线性稳定性分析并得到色散方程,它把 ω 和由式 5.7 中整数 n 所给出的空间相关性关联起来。

结果如下:不稳定性可以用不同的方式出现。两个色散方程可以有两个共轭的复根,并且在某点,这些根的实部为零。这就是引起第 4 章中所研究的极限环的情况,在文献中常称作霍普夫分支。第二种可能性是,我们得到两个实根,其中之一在某临界点处变为正的。这就是引起空间非均匀定态的情况,我们可以称之为图灵分支,因为是图灵(Turing)首先在他关于形态发生学的经典论文中注意到这种化学动力学里的分支的可能性。

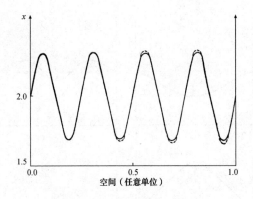

图 5.5　定态耗散结构

实线为计算的结果;虚线为计算机模拟的结果,其参数为:

$$D_x = 1.6 \times 10^{-3}, D_y = 8 \times 10^{-3}, A = 2, B = 4.17。$$

现象的多样性甚至还要大些,因为极限环还可以是与空间有关的,那样就会引起化学波。图 5.5 中画出了和图灵分支对应的化学非均匀定态,而在图 5.6 中示出了化学波的模拟情况。这些相干现象中究竟哪一个能够实现,要取决于扩散系数 D 的值,或者说得更好一点,取决于比值 D/L^2。当这个参数变成零时,我们得到极限环,即"化学钟",而非均匀定态只能出现在 D/L^2 足够大的时候。

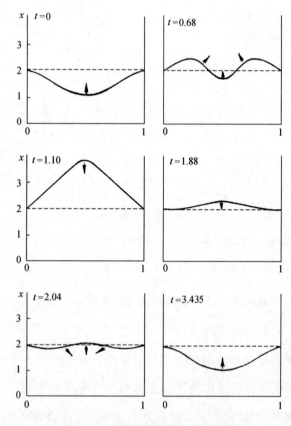

图 5.6 计算机模拟的一个化学波

其参数为：$D_x = 8 \times 10^{-3}$，$D_y = 4 \times 10^{-3}$，$A = 2$，$B = 5.45$。

局部化的结构也可以从这个反应的模式得出，只要我们把初始物质 A 和 B(见方程 4.57)通过系统而扩散考虑在内。

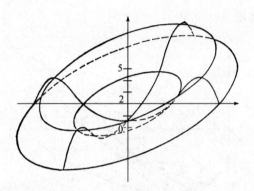

图 5.7　圆柱形对称的二维定态耗散结构(由计算机模拟得出)

其参数为：$D_x=1.6\times10^{-3}$，$D_y=5\times10^{-3}$，

$A=2$，$B=4.6$，圆半径 $R=0.2$。

当然，如果考虑二维或三维的情况，耗散结构的丰富程度还会极大地增长。例如在至今所讨论的均匀系统中，我们还会看到极性的出现。图 5.7 和图 5.8 示出在具有不同扩散系数值的二维圆系统中的第一分支。在图 5.7 中，浓度保持径向的各向同性。而在图 5.8 中，我们看到出现了所谓的优惠增益（privileged access）。这对于形态学的应用是很有趣的。在那里，第一阶段中的一步对应着在原来处于球对称态的系统中出现了梯度。

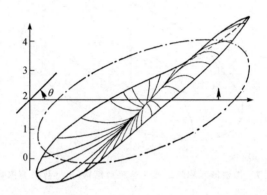

图 5.8   二维极化定态耗散结构(由计算机模拟得出)

其参数为：$D_x = 3.25 \times 10^{-3}$, $D_y = 1.62 \times 10^{-2}$,

$A = 2$, $B = 4.6$, $R = 0.1$。

逐级分支可能也是有趣的,例如图 5.9 所示。在 B_0 之前我们有热力学分支,而在 B_0 处开始了极限环行为。热力学分支仍是不稳定的,不过在 B_1 点分支为两个新解,它们也是不稳定的,但在点 B_{1a}^*, B_{1b}^* 变为稳定的。这两个新解对应于化学波。

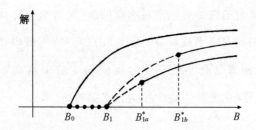

图 5.9　引出各种类型波行为的逐级分支

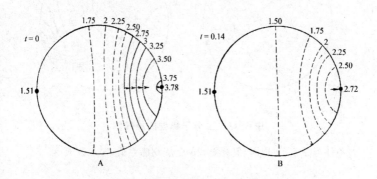

图 5.10　三分子模型中 X 的等浓度曲线

在半径 $R = 0.5861$ 的圆内,满足零流的边界条件。实线和虚线分别

代表浓度大于或小于(不稳的)定态值 $X_0 = 2$, $A = 2$, $D_1 = 8 \times 10^{-3}$,

$D_2 = 4 \times 10^{-3}$, $B = 5.4$ 。A 和 B 描述周期解的不同阶段上的浓度

花纹。

一种类型的波是有一个对称面的波(见图 5.10),而另一种类型则对应于旋转波(见图 5.11)。特别值得指出的是,这种情况确实已在化学反应的实验中被观察到了(见本章《化学和生物学中的相干结构》一节)。

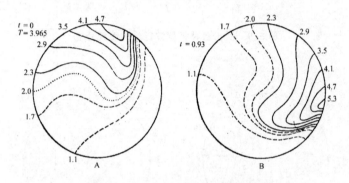

图 5.11　三分子模型的旋转解

条件与图 5.10 相同,但有更大的分支超临界值,即参数 $B = 5.8$。

分支的可解模型

在一个分支之后出现非均匀稳定解的现象非常出人意料,很值得花时间在严格的可解模型中去检验它们的形成。现在我们考虑一个由如下反应模式描述的化学系统：

$$\frac{\partial X}{\partial t} = v(X,Y) + D_X \frac{\partial^2 X}{\partial z^2},$$

$$\frac{\partial Y}{\partial t} = -v(X,Y) + D_Y \frac{\partial^2 Y}{\partial z^2} \qquad (5.8)$$

作为例子，我们可以考虑

$$v(X,Y) = X^2 Y - BX \qquad (5.9)$$

这是布鲁塞尔器的简化形式，其中式 4.57 里的反应 A ⟶ X 被略去了。这样的描述出现在涉及膜上酶反应的耗散结构理论中，在膜上，组分 X 的存在是由扩散保证的，而不是通过"源"A 保证的。我们还利用固定的边界条件

$$X(0) = X(L) = \xi,$$

$$Y(0) = Y(L) = B/\xi \qquad (5.10)$$

这种反应模式的特别简化的特点是存在着一个"守恒量"，这一点可以通过式 5.8 中两个方程的相加而看出。消去其中的一个变量并积分后，我们得到在定态有效的方程：

$$\left(\frac{\mathrm{d}\omega}{\mathrm{d}r}\right)^2 = K - \Phi(\omega) \qquad (5.11)$$

这里 K 是积分常数,且

$$\omega = x - \xi \qquad (5.12)$$

$\Phi(\omega)$是 ω 的某个多项式。这里对它的确切形式不感兴趣,只注意对于 $\omega = 0$,有 $\Phi(\omega) = 0$。十分有趣的是,把这个公式和在方程 2.1 或 2.2[①] 中的哈密顿量比较一下,在这里我们把它写成

$$\frac{m}{2}\left(\frac{dq}{dt}\right)^2 = H - V(q) \qquad (5.13)$$

我们看到,为了从式 5.13 中的哈密顿量变到方程 5.11,我们必须用浓度代替坐标 q,而用坐标 r 代替时间。还要注意,在系统的边界处,$\omega = 0$。

现在让我们考虑两种情况,分别表示在图 5.12 和图 5.13 中。如果我们处于图 5.12 的情况,这时对于 $\omega = 0$,$\Phi(\omega)$有最大值,只有热力学分支可能稳定。假设我们从 $\omega = 0$ 开始向右,$\Phi(\omega)$ 变为负的,这意味着按照方程 5.11,梯度$\left(\frac{d\omega}{dr}\right)^2$ 将随离开边界距离的增大而稳定增加。因此我们可以满足第二边界条件。

① 指原书的方程 2.1 和 2.2。——本书编辑注

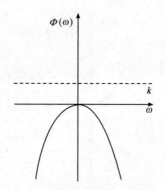

图 5.12 相应于没有分支的情况

当我们考虑对于 $\omega=0,\Phi(\omega)$ 有最小值的时候,情况就完全变了。这时我们比方说向右走,就可以一直走到和水平线 k 的交点。在这个点 ω_m 处,梯度 $\dfrac{\mathrm{d}\omega}{\mathrm{d}r}$ 将为零,因此我们可以用返回到原点 $\omega=0$ 的方法达到第二边界。这样我们就得到带有单极值的分支解。

显然,其他的更为复杂的解可以用同样的方法建立。我相信,这样就以最简单的方式为我们提供了有效地建立反应扩散系统分支解的办法。有趣的是,经典摆问题中的时间周期性引出了分支解的空间周期性。

如果选择反应空间的特征长度 L 作为分支参数,就

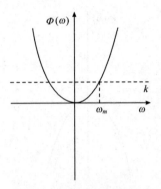

图 5.13　相应于分支的情况

会看到在非线性系统的与时间无关但在空间是非均匀的解同时间周期解之间有着更为吸引人的类似。结果是，如果 L 足够小，那么对于自然边界条件，只有空间均匀态存在，而且是稳定的。但是在临界值 L_{c1} 以上，就会出现图 5.8 所示的那种稳定的单调梯度，并且一直维持到达到第二临界值 L'_{c1}，于是，这种花样便消失了。对于空间自组织来说，这个有限长度的存在将和一个有限频率的出现相对照，这个有限频率的出现伴随着如极限环这样的时间周期解的分支(参见刚讨论过的可解模型)。如果 L 进一步增加，在某个 L_{c2} 处($L_{c2} > L_{c1}$，但有可能 $< L'_{c1}$)，

将得到第二花样,它给出一个非单调的浓度剖面。进一步增长还会出现更复杂的浓度花样。它们的相对稳定性将依赖于第二级和更高级分支的发生。

在这个图景中,生长过程和形态学相联系的事实,使人想起早期胚胎发育中形态生成的某些方面。例如繁殖力很强的果蝇,在其蛹的早期发育阶段,"成虫盘"一边生长,一边分到由非常尖锐的边界所分开的小间隔中。这个问题最近由考夫曼(Kauffman)及其同事用如上所述的在更高长度上多次出现分支的方法进行了分析。

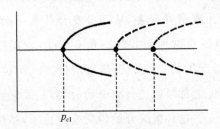

p_{c1}

图 5.14 从热力学分支得到的逐次初级分支

实线表示稳定分支,虚线表示不稳定分支。

由于存在着第二分支参数 L,加上在大多数系统中还存在着动力学分支参数 p(见图 5.2)或 B(见图 5.9),这就使我们能够对空间非均匀耗散结构进行某种系统的（尽管是初步的）分类。如图 5.14，分支现象是以单参数描述的，只示出了初级分支后的那些分支。在分支点附近，它们的行为是已经知道的。具体来说，第一分支是稳定的（如果是超临界的，即如果它在 $p > p_{c1}$ 时出现）。其他分支则是不稳定的。更高的分支未示出，因为它们通常在离分支点的有限距离上出现。

如果在 p 和 L 两者的空间中跟踪分支，情况就改变了。对于 p 与 L 的一定组合，可能会在线性化算符的倍本征值处出现简并分支，从而分支合并在一起。相反，如果 p 和 L 对这种简并状态稍有变化，就能把分支劈开，并可能产生第二级和更高级的分支。问题在于，所有这些可能性都可以进行完全的分类，只要它们仍然靠近简并分支。这种情况开始像突变理论了，虽然一般来说还没有研究从势函数导出的系统。

化学和生物学中的相干结构

1958 年，贝洛索夫（Belousov）提出了一个振荡化学反应的报告，这个反应就是在四价铈-三价铈离子对的催化下,溴酸钾氧化柠檬酸。扎鲍廷斯基继续了这一研究。通常,贝洛索夫-扎鲍廷斯基反应需要一个在 25℃左右的反应混合物,由溴酸钾、丙二酸或溴丙二酸,以及溶于柠檬酸的硫酸铈(或硫酸铈的某种等效化合物)所组成。这个反应被许多人从实验上和理论上进行了研究。它在实验研究方面所起的作用正和布鲁塞尔器在理论研究方面所起的作用相同。随着条件的改变,各种现象已在很宽的范围内被研究过。例如,有研究观察过均匀混合物中周期的数量级为分钟的振荡现象,还观察过类似波的活性。这个反应的机制,在很大程度上已由诺伊斯(Noyes)及其同事解释清楚。令

$$X = [HBrO_2],$$

$$Y = [Br^-],$$

$$Z = 2[Ce^{4+}] \qquad (5.14)$$

是三种关键物质的浓度,而且我们设

$$A = B = [BrO_3^-],$$

$$P, Q = 废产物的浓度 \qquad (5.15)$$

那么,诺伊斯机制可以用下列步骤表达:

$$\begin{cases} A + Y \xrightarrow{k_1} X \\[1.2em] X + Y \xrightarrow{k_2} P \\[1.2em] B + X \xrightarrow{k_{3,4}} 2X + Z \\[1.2em] 2X \xrightarrow{k_5} Q \\[1.2em] Z \xrightarrow{k_6} fY \end{cases} \qquad (5.16)$$

这通常称为俄勒冈器（Oregonator）[①]。重要的是，这里存在着交叉催化，比如 Y 产生 X，X 产生 Z，Z 又反过来产生 Y，就像在布鲁塞尔器中的情形一样。

许多具有同样类型的其他振荡反应也被研究过了。一个较早的例子是过氧化氢在碘酸-碘氧化偶（即 IO_3^--I_2）的催化下的分解。最近，布里格斯（Briggs）和劳舍尔（Rausher）报告了包括过氧化氢、丙二酸、碘酸钾（KIO_3）、硫酸锰（$MnSO_4$）和高氯酸（$HClO_4$）反应的振荡现象，可以看作是贝洛索夫-扎鲍廷斯基和布雷（Bray）反应物的一种"混合"。帕考特（Pacault）及其同事在开放系统的条件下，对这个反应进行了系统的研究。最后，克罗斯

[①] 因诺伊斯等是在美国俄勒冈（Oregon）大学研究此问题而得名。——译者注

(Körös)报告了简单芳香族化合物的一个完整系列（苯、苯胺及其衍生物）和酸性溴酸盐反应，能够在没有金属离子（如铈离子或锰离子）的催化作用的情况下产生振荡现象。而金属离子的催化作用，大家知道，在贝洛索夫-扎鲍廷斯基反应中起着重要作用。虽然在无机化学的领域内振荡反应是极罕见的，但是在生物学有组织作用的各种水平上，从分子水平直到超细胞水平，都已观察到振荡现象。

在最重要的振荡现象里，有一些是代谢振荡，它们和酶的活性有关，它们的振荡周期为分钟的数量级。还有一些是所谓胚胎渐成振荡器（epigenetic oscillator），有着数量级为小时的振荡周期。人们了解得最多的代谢振荡的例子是糖酵解循环，它是对于活细胞的力能学最为重要的现象。这个循环包括一个分子葡萄糖的降解，以及借助一个线性系列的酶催化反应而形成两个分子 ATP 总产量的过程，是酶的活性中的合作效应引起了对振荡反应的催化效应。值得注意的是，在一定的酵解底物注入速率下，链中的一切代谢物浓度都观察到有振荡现象。更值得注意的是，所有酵解的中间产物都以同样的周期但不同的位相进行振荡。酶在反应中的作用有点和光学实验中的尼科耳棱镜一样。它们引起化学振荡中的相移。化学反应的振荡景象在酵解循环中尤为惊人，因为可以从实验上追寻振荡的周期和位相方面各种因素的影响。

胚胎渐成类型的振荡反应也是众所周知的。它们是在细胞水平上的调节过程的结果，蛋白质通常是稳定分子，而催化反应是非常快的过程。一个细胞里蛋白质的水平趋于过高的情况并非是不寻常的。于是，有机体使用某些物质来抑制大分子的合成，这种反馈就引起振荡。这种现象已被仔细地研究过，例如大肠杆菌中乳糖操纵子的调节作用。还可以援引许多其他例子，比如黏菌中的群集过程，含有膜边界处的酶的反应，等等。感兴趣的读者可参看有关文献。

看来，几乎所有的生物活动都包括某些机制，这些机制表明生命中含有超出热力学分支稳定性阈值的、远离平衡态的条件。因此，它诱使人们猜想，生命的起源可能和逐级不稳定性有关，这和引起相干性不断增加的物态的逐级分支有些类似。

贝洛索夫-扎鲍廷斯基反应:化学卷曲波

当贝洛索夫-扎鲍廷斯基反应物被放在浅盘中时,显现出螺旋状
的化学波。该波可以自发地出现,也可用使其表面与热灯丝
接触的方法启动,如上面照片中的那样。其中那个小圆圈
是该反应所演化出的二氧化碳的泡。

这组连续照片依次在第一张照片拍摄后的

0.5, 1.0, 1.5, 3.5, 4.5, 5.5, 6.5 和 8.0 秒时拍摄。

生　态　学

现在让我们讨论稳定性理论可应用于结构稳定性的一些方面。我们考虑一个简单的例子。群体 X 在给定培养基中的生长通常可用下式表达：

$$\frac{\mathrm{d}X}{\mathrm{d}t} = KX(N - X) - dX \qquad (5.17)$$

其中 K 和出生率有关，d 和死亡率有关，N 是供养该群体的环境容量的量度。方程 5.17 的解可以借助于图 5.15 中的逻辑曲线(logistic curve)来表示。

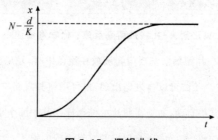

图 5.15　逻辑曲线

这个进化完全是决定论的。即当环境呈饱和状态时，群体就停止增长。但是在该模型所不能控制的事件发生后,也可能在同一环境中出现新的物种(具有另外的生态参数 K, N 和 d),它们起初数量很少。这是一种生态涨落,它引起结构稳定性的问题:这个新的物种或者可能消失,或者可能取代原来的物种。利用线性稳定性的分析很容易证明,仅当满足

$$N_2 - \frac{d_2}{K_2} > N_1 - \frac{d_1}{K_1} \tag{5.18}$$

时,新物种才能取代原来的物种。假定物种对所谓生态小生境的占据取如图 5.16 所示的形式。

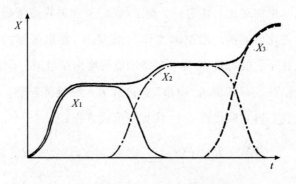

图 5.16 生态小生境被后继物种占据

这个模型定量地描述了"适者生存"原理在开发某个给定的生态小生境问题中的意义。

考虑到群体为其生存下来而使用的各种可能的策略，就可以引入各种各样的这类模型。例如，我们可以区分食用多品种食物的物种(所谓"多面手")以及其他的食物范围很窄的物种(所谓"专门家")。我们也可以考虑这样的事实，即某些群体固定其群集的一部分用于"非生产性"职能，例如"士兵"。这和昆虫的群居多态性密切相关。

还可以把结构稳定性和通过涨落达到有序的概念用于更复杂的问题中，而且甚至可以用来极为粗略地研究人类的进化。作为一个例子，我们从这种观点考虑都市进化的问题。用逻辑方程 5.17 来说，都市区域的特点在于它的容量 N 随着经济职能的增加而增加。令 S_i^k 表示在点 i(比如说"城市"是 i)的第 k 种经济职能。于是我们得到取代式 5.17 的如下形式方程：

$$\frac{\mathrm{d}X_i}{\mathrm{d}t} = KX_i\Big(N + \sum_k R^k S_i^k - X_i\Big) - dX_i \quad (5.19)$$

其中 R^k 是比例系数。不过，S_i^k 本身伴随人口 X_i 的增长是以复杂的方式进行的：它起着自催化作用，但这个自催化的速率取决于在点 i 对于职能 S_i^k 所提供的产品 k 的需求量，以及和位于另一点的对手单位的竞争。

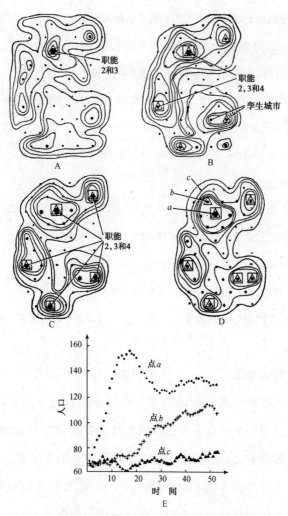

图 5.17 都市化的一种可能的"历史"

在这个地区上,最初具有均匀的人口。把这个地区分为 50 个小区域,组成一个网络。在每个网点上可以看到四种经济职能,在一个随机的时间序列中,各种各样的可能性一个接着一个地发生。

A 在时间 $t=4$ 时,50 个点的格阵上的人口分布。在 $t=0$ 时,每个点的人口是 67。

B 在 $t=12$ 时,正在出现基本的都市结构,该地区具有 5 个人口迅速增长的中心。

C 到了 $t=20$ 时,都市结构已经巩固,并且最大的中心显示了在市郊住宅区出现的"都市延伸"。

D 在 $t=34$ 时,都市中心增长缓慢,而在都市之间的地带出现"平均值以上的增长",其结果是削弱都市化。

E 在图 D 中标明的点 a,b 和 c 上,人口在整个模拟过程中的增长。

在这个模型中,一个经济职能的出现可以比作一个涨落。这个经济职能的出现将通过开创就业机会从而使人口集中于一点的方法打破人口分布的初始均匀性。为了维持下去,就业机会将使相邻一些点的要求枯竭。当介入已经都市化了的区域时,它们可能会被类似的然而发展得更好或更为合适的经济职能的竞争所挤垮;它们也可能在共存中发展;或者以这些经济职能中的一种或另一种的毁灭为代价而发展。

图 5.17 说明了初始均匀区域都市化的一种可能的历史,在该区域中,可以在 50 个地点的网络中的每个点上找到四种经济职能的发展,各种尝试在一个随机的暂时序列中彼此追逐。最终结果以复杂的方式依赖于决定论的经济法则和随机的涨落演替之间的相互作用。任何一个特殊模拟的细节都和该区域的精确"历史"有关,因此我们只粗略地考虑结构形成的一定的平均性质。例如,对于虽经历了不同历史但具有同样参数值的系统来说,大中心的数目以及平均间隔是近似相同的。这样的模型可以用来估计较长时期的有关运输、投资等决策的后果,因为这些活动经历了该系统的各个相互作用环节,而且发生了不同经理人员先后所做的调整。一般地说,我们看到,由于系统的许多经营者所起的作用(选择),由于至少部分地具有评价这些作用(有用的职能)的互相依赖的判据,这样的模型为理解"结构"问题提供了一个新的基础。

结　语

　　上节中所研究的几个例子已经把我们引到了距离经典力学和量子力学简单系统相当远的地方。我们应注意,结构的稳定性是没有限制的,只要引入合适的扰动,任何系统都可以呈现不稳定性。因此,不会有历史的终点。马格列夫(Margalef)在其出色的讨论中指出了所谓"自然世界的巴洛克"。他的意思是说,生态系统所包括的物种比单纯把生物学效能作为组织原则时所"必须"有的物种要多得多。自然界的这个"超创造力"当然出自我们这里所提出的描述模式,"变异"和"创新"随机地发生,而且被瞬间奏效的决定论关系归集到系统之中。因此,在这种看法下,"新类型"和"新思想"不断产生,它们可以纳入系统结构中去,引起系统结构的不断进化。

非平衡涨落

大数定律的破缺

量子力学引起如此巨大兴趣的一个理由是在微观世界的描述中引进了概率的因素。如我们在第3章中所看到的,量子力学中的物理量是采用非对易算符来表示的。这就引出了著名的海森伯测不准关系。很多人已经看到,这些关系证明了在量子力学所适用的微观水平上,决定论是不成立的。这是一个还需要做某些阐明的说法。

量子力学的基本方程——薛定谔方程和经典运动方程一样是决定论的。在海森伯测不准关系有效的意义下,并不存在涉及时间和能量的不确定关系。一旦知道波函数在初始时刻的值,按照量子力学,我们能够计算出它在一切时刻(不论是过去或将来时刻)的值。然而量子力学在微观世界的描述中,的确引进了基本的概率要素。不过宏观的热力学描述通常只处理平均值,量子力学所引进的概率因素并不起作用。因此,特别有趣的是:在与测不准关系无关的宏观系统中,涨落和概率起着本质性的作用。这一情形可以期望在分支点附近得到,在那里,系统必须选取可能出现分支中的一支,这就是我们在这一章中将要较详细分析的统计因素。我们想要指出:在分支点附近实质上是处理大数定律的破缺。

在宏观物理学中,涨落一般起着较小的作用,因为当系统充分大时,它们作为可以忽略的小的修正而出现。然而在分支点附近,它们起着实质性的作用,因为在那里是涨落驱动平均值。这正是我们在第 4 章引进通过涨落达到有序的观念的意义。

有趣的是它导致化学动力学的未曾预料到的方面。化学动力学是一个有将近一百年历史的领域,通常是用我们在第 4 章和第 5 章研究过的速率方程来陈述。它们的物理解释是十分简单的:热运动导致粒子间的碰撞,多数粒子是弹性的,即它们改变平移动能(如果考察多原子分子,还有旋转能和振动能)而不影响电子结构。

然而这些碰撞的一部分是活性的，而且产生新的化学种类。

在这个物理图像的基础上，人们可能期望在 X 分子与 Y 分子之间的碰撞总数将正比于它们的浓度，并且非弹性碰撞数也是这样。自从这个观念形成以来，它一直统治着整个化学动力学的发展。然而，在随机发生碰撞的图像中出现的如此混乱的状态，为什么还能产生协调的结构呢？自然，某些新特征必须考虑，这个特征就是，反应粒子的分布在接近不稳定时不再具有随机性。这个新特征直到最近才被包括在化学动力学之中，不过可以期望在接下来几年中将有更大的进展。

在我们谈论大数定律破缺之前，先简单地解释一下这个定律。为此，我们考察一下泊松分布，它是在很多科技领域中具有巨大重要性的一个典型的概率分布。我们考察取整数值的变量 X，$X = 0, 1, 2, \cdots$。当 X 服从泊松分布时，X 的概率由

$$\mathrm{pr}(X) = \mathrm{e}^{-\langle X \rangle} \frac{\langle X \rangle^X}{X!} \tag{6.1}$$

给出。这个规律在很多情形中是成立的，例如电话呼叫

的分布,餐馆等待时间的分布,在给定浓度的媒质中粒子涨落的分布。在式 6.1 中,$\langle X \rangle$ 表示 X 的平均值。

泊松分布的一个重要特征是分布中仅含一个参数 $\langle X \rangle$,概率分布完全由它的平均值决定。式 6.2 给出的高斯分布便不是这样,除了平均值 $\langle X \rangle$ 以外,它还包含弥散度 σ,

$$\text{pr}(X) \sim e^{-(X-\langle X \rangle)^2/\sigma} \tag{6.2}$$

由概率分布函数,我们容易得到所谓的"方差",它给出相对于平均值的弥散度

$$\langle \delta X^2 \rangle = \langle (X - \langle X \rangle)^2 \rangle \tag{6.3}$$

泊松分布的特征是它的方差与平均值相等:

$$\langle \delta X^2 \rangle = \langle X \rangle \tag{6.4}$$

让我们考察 X,它是与(给定体积中)粒子数 N 或体积 V 本身成比例的广延量,于是得到相对涨落的著名的平方根律:

$$\frac{\sqrt{\langle \delta X^2 \rangle}}{\langle X \rangle} = \frac{1}{\sqrt{\langle X \rangle}} \sim \frac{1}{\sqrt{N}} \text{ 或 } \frac{1}{\sqrt{V}} \tag{6.5}$$

相对涨落的数量级反比于平均值的平方根。因此,对于数量级为 N 的广延量,它的相对偏差的数量级为

$N^{-1/2}$。这是大数定律的本质特征。作为它的结果,我们可以忽略大系统的涨落而用宏观描述。

对于其他概率分布,方差不再像式 6.4 那样等于它的平均值。但是只要大数定律能应用,方差的数量级仍然是一样的,并且有

$$\frac{\langle \delta X^2 \rangle}{V} \sim \text{有限, 当 } V \to \infty \text{ 时} \qquad (6.6)$$

在式 6.2 中,我们也可以引进一个变量 x,它是一个"强度"量,即它不随系统容量的增加而增加(例如压力、浓度或温度)。应用式 6.6,这类强度变量的高斯分布就变成

$$\mathrm{pr}(x) \sim e^{-V(x-\langle x \rangle)^2/\sigma} \qquad (6.7)$$

这表明强度变量相对于它的平均值的最可能的偏差具有 $V^{-1/2}$ 的数量级,因而当系统扩大时,偏差将变小。反之,强度变量的大涨落仅能在小系统中发生。

这些议论将要通过今后考察的例子加以阐解。我们将看到自然界如何经常提供某些精妙的途径,通过适当的核化过程避免了分支点近旁的大数定律结果。

化 学 博 弈

为了将涨落考虑在内，就必须离开宏观层次。然而进入经典力学或量子力学实际上是离开了这个问题。此时，每一化学反应都将变成复杂的多体问题。因此，考虑一种中间层次是有益的，这与第 1 章我们研究随机游动问题时所考虑的东西有些类似。

基本观念是单位时间的转移概率的存在。再次考察在位置 k 及时刻 t 找到布朗粒子的概率 $W(k,t)$。引进转移概率 ω_{lk}，它给出（每单位时间内）在"态" k 及 l 之间进行一次转移的概率。然后我们可以将 $W(k,t)$ 对 t 的变化率表示成由转移 $l \to k$ 决定的"得"项与由转移 $k \to l$ 决定的"失"项的差，这样我们得到基本方程：

$$\frac{\mathrm{d}W(k,t)}{\mathrm{d}t} = \sum_{l \neq k} [\omega_{lk} W(l,t) - \omega_{kl} W(k,t)] \qquad (6.8)$$

在布朗运动问题中，k 相当于阵点的位置，而 ω_{kl} 仅在 k 与 l 相差一单位时才不等于零。但方程 6.8 更为一般。事实上，它是马尔可夫过程的基本方程，在概率论的近代理论中起着重要的作用。

马尔可夫过程的本质特征是转移概率 ω_{kl} 仅包含两个态 k 及 l。由 $k \to l$ 的转移概率不依赖于占据态 k 以前曾经占据的态。在这个意义下系统是无记忆的。马尔可夫过程已经用来描述很多物理现象,而且也能用来描述化学反应。例如,考虑单分子反应的简单链

$$A \underset{k_{21}}{\overset{k_{12}}{\rightleftharpoons}} X \underset{K_{32}}{\overset{K_{23}}{\rightleftharpoons}} E \tag{6.9}$$

宏观动力方程在前面的第 4 章和第 5 章已经引入(在此我们写出动力常数),即

$$\frac{\mathrm{d}X}{\mathrm{d}t} = (k_{12}A + k_{32}E) - (k_{21} + k_{23})X \tag{6.10}$$

如前,假定 A 和 E 的浓度已给定,则相应于式 6.10 的定态是

$$X_0 = \frac{k_{12}A + k_{32}E}{k_{21} + k_{23}} \tag{6.11}$$

在这个标准的宏观描述中,涨落被忽略了。为了研究它的影响,我们引进概率分布 $W(A, X, E, t)$ 并且应用一般表达式 6.8。结果是

$$\frac{\mathrm{d}W(A, X, E, t)}{\mathrm{d}t} = k_{12}(A+1)W(A+1, X-1, E, t)$$

$$-k_{12}AW(A,X,E,t)$$

$$+包含 k_{21},k_{23},k_{32} 的类似项 \qquad (6.12)$$

我们来讨论前两项。第一项是得项,它对应于由 A 粒子的个数是 $A+1$ 而 X 粒子的个数是 $X-1$ 的态到态 A,X 的转移,其中单个 A 粒子以速率 k_{12} 进行分解。另一方面,第二项是失项,开始粒子处于 A,X,E 的态,通过一个 A 粒子的分解而达到新态 $A-1,X+1,E$。所有其他的项有类似的意义。

这个方程对平衡态及非平衡态都能解出,结果是一个带有作为 X 平均值表达式 6.11 的泊松分布。

这个结果相当圆满,并且似乎是这样的自然,以致有时我们相信这个结果能推广到一切化学反应而无论反应的机制如何。但是有一个新的意外因素出现了。如果考察更一般的化学反应,相应的转移概率是非线性的。例如,应用前面用过的证据,相应于反应步骤 $A+X \longrightarrow 2X$ 的转移概率正比于 $(A+1) \cdot (X-1)$,它是非弹性碰撞以前的 A 粒子与 X 粒子的个数的乘积。于是相应的马尔可夫方程也是非线性的。非线性可以说是化学博弈的明显特征,这与转移概率为常数的随机游动形成了对照。使我们惊奇的是这个新的特性导致了对泊松分布的偏差。这个值得注意的结果已经引起广泛的兴趣,它是由我和尼科利斯证明的。由宏观动力论有效性的观点来看,这些偏差是很重要的。我们将看到宏观的化学方程仅当对泊松分布的偏差可忽略时才是有效的。

作为例子,假设有化学反应步骤 $2X \longrightarrow E$,其速率常数为 k。由马尔可夫方程 6.8,可以导出 X 的平均浓度对时间的变化率。可以得到

$$\frac{\mathrm{d}\langle X \rangle}{\mathrm{d}t} = -k\langle X(X-1) \rangle \qquad (6.13)$$

事实上,我们不得不从 X 个分子中依次取两个分子。注意

$$-\langle X(X-1) \rangle = -\langle X \rangle^2 - (\langle \delta X^2 \rangle - \langle X \rangle)$$

$$(6.14)$$

式中 $\langle \delta X^2 \rangle = \langle X^2 \rangle - \langle X \rangle^2$。对于泊松分布,按照式 6.4,第二项应等于零,于是我们回到了宏观的化学方程。

这个结果是很一般的。我们看到,在微观层次与宏

观层次之间的转换中，对泊松分布的偏差起着实质的作用。通常我们可以忽略它们，例如在式 6.13 中，我们看到第一项与$\langle X \rangle$同量级，即它正比于体积。而第二项与体积无关。因此，在大体积的极限中，我们可以忽略第二项。但是如果对泊松分布的偏差不像由大数定律所预测的那样正比于体积，而是正比于体积的高阶量，那么整个宏观的化学描述就被破坏了。

有趣的是将化学动力学看成一定意义下的平均场理论，就像其他许多经典物理学和经典化学的理论，例如态方程理论（范德华理论）、磁学理论（外斯场）等那样。我们由经典物理学知道，除了相变区附近的情况以外，这种平均场理论都将得出自洽的结果。这个发端于卡丹诺夫（Kadanoff）、斯威夫特（Swift）、威尔逊（Wilson）等人的理论依据的是研究在相变临界点附近出现的长程涨落的巧妙思想。涨落的标度变得如此之大，以至于分子的细节不再起作用。我们考虑的情形与此颇为类似。

我们希望，通过取热力学极限（即粒子数和体积趋于无穷大，但密度保持有限）和给主方程以长标度不变性,找到宏观系统非平衡相变的条件。从这些条件出发,我们应该能明确地估计出相变区附近涨落变化的方式。对于非平衡系统来说,能做到这一点的目前还仅限于主方程的一个简单模型,即福克-普朗克方程,进一步的工作还在进行中。

现在我们来详细地考察大数定律不成立的简单例子。

非平衡相变

施勒格尔(Schlögl)研究了下列化学反应序列:

$$A + 2X \underset{k_2}{\overset{k_1}{\rightleftharpoons}} 3X, \quad X \underset{k_4}{\overset{k_3}{\rightleftharpoons}} B \qquad (6.15)$$

按照常用的方法,容易得出宏观动力方程

$$\frac{dX}{dt} = -k_2 X^3 + k_1 A X^2 - k_3 X + k_4 B \qquad (6.16)$$

经过适当的标度并引进下列记号及假定:

$$\frac{X}{A} = 1 + x,$$

$$\frac{B}{A} = 1 + \delta',$$

$$k_3 = 3 + \delta , \frac{k_4 B}{k_2 A^2} = 1 + \delta' , t = \frac{t}{k_2 A^2} \qquad (6.17)^{①}$$

方程 6.16 化成

$$\frac{\mathrm{d}x}{\mathrm{d}t} = x^3 - \delta x + (\delta' - \delta) \qquad (6.18)$$

于是定态由三阶代数方程

$$x^3 + \delta x = \delta' - \delta \qquad (6.19)$$

给出。有趣的是这个三阶方程与人们熟悉的另一方程同构,后者是用范德华理论描述平衡相变得到的。当沿直线 $\delta = \delta'$(见图 6.1)追随系统的演化时,我们看到对 δ 为正数的情形,方程 6.19 只有根 $x = 0$,而对 δ 为负数的情形,有三个根

$$x = 0 , x_\pm = \pm \sqrt{-\delta}$$

(记住 x 表示浓度,必须是实数)。这个模型足够简单,我们能通过马尔可夫理论确切地得到方差。当由正值趋于点 $\delta = 0$ 时,我们得到

---

① $\frac{k_4 B}{k_2 A^2} = 1 + \delta'$ 及 $t = \frac{t}{k_2 A^2}$ 两式在原书印刷时遗漏,现据作者手稿补正。——译者注

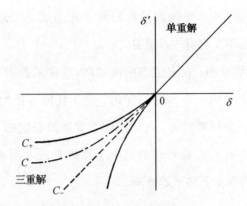

图 6.1　用参数 δ 及 δ' 代表的方程 6.19

的解的性态 $C=$ 多重定态的共存线。

$$\frac{\langle \delta X^2 \rangle}{V} \sim \frac{1}{\delta} \qquad (6.20)$$

该式两边当 $\delta \to 0$ 时均发散,这表明在由式 6.6 确定的含意下,大数定律破缺。在系统可由根 x_+ 跳到根 x_- 的那些点上,这个破缺特别明显,正如在通常的相变中由液态变到气态那样。在这类点上,方差的量级变成 V^2 的量级,即

$$\frac{\langle \delta X^2 \rangle}{V^2} \sim 有限,当 V \to \infty \qquad (6.21)$$

换句话说,在非平衡相变区附近不再与宏观描述相一致,涨落和平均值一样重要。

能够证明:在多定态的区域内,概率函数 $P(x)$ 在 $V \rightarrow \infty$ 时经历一个深刻的变化。对于任何有限的 $V,P(x)$ 是一个双峰分布,而峰顶位于宏观的稳定态 x_+ 及 x_-。对 $V \rightarrow \infty$,双峰中的每一个都蜕化成 δ 函数。因此,可得到如下的平稳概率

$$P(x) = C_+ \delta(x - x_+) + C_- \delta(x - x_-) \quad (6.22)$$

其中 x 是与 X 有关的强度变量,$x = X/V$。权 C_+ 与 C_- 的和为 1,且明显地由主方程决定。对 $V \rightarrow \infty,\delta(x - x_+),\delta(x - x_-)$ 都独立地满足主方程。另一方面,它们的"混合"(式 6.22)给出了定态概率分布的热力学极限,而这个定态是先对有限系统算出的。伊辛模型类型的平衡相变的类比是明显的:若 x_+,x_- 是总磁化强度的值,则式 6.22 描述在零(平衡)磁化态的伊辛磁体。另一方面,如果在系统的曲面上施加适当的边界条件,"纯态"$\delta(x - x_+),\delta(x - x_-)$ 描述两个持续任意长时间的磁化态。

结论并不像初看时那样使人惊愕。在某种意义上

说,甚至连宏观值的概念也失去了它原来的含义。一般来讲,宏观值等于"最可能"值;如果涨落可以忽略,它就恒同于平均值。然而在相变区附近有两个"最可能"值,它们都不对应平均值,而在这两个"宏观"值之间,涨落就成为非常重要的了。

非平衡系统中的临界涨落

在平衡相变情形,临界点附近的涨落不仅有很大的幅度,而且延展到很远。莱默尚德(Lemarchand)和尼科利斯研究了非平衡相变的同一问题。为了使计算成为可能,他们考虑一组箱子,在每个箱子中,进行布鲁塞尔器型的反应(式 4.57),而且在相邻箱子之间有扩散。然后应用马尔可夫方法,他们计算在两个不同的箱子中 X 的占据数之间的相关。人们可能预期化学的非弹性碰撞连同扩散会导致一个混乱现象,但是结果并非如此。在图 6.2 及图 6.3 中,示出了系统在临界态附近和低于临界态时的相关函数。显然可见,临界点附近有长程的化学相关。系统仍然是以一个整体行动而不管化学相互作用的短程特征如何,混乱给出了有序。

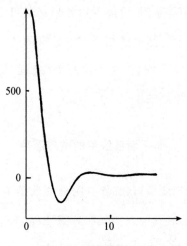

图 6.2 相关函数 G_{ij}

第 i 箱与第 j 箱的相关函数 G_{ij} 被表示为从 i 到 j 的距离的函数。这些箱子是被布鲁塞尔器方程控制的,其参数是 $A=2$,$B=3$,$D_1/D_2=1/4$,且各箱之间的联系如正文所述。这些参数值使该系统低于临界点,形成一个空间耗散结构。

在这个过程中,粒子数起什么作用? 这是一个实质性的问题,我们将用一个化学振荡的例子来考察它。

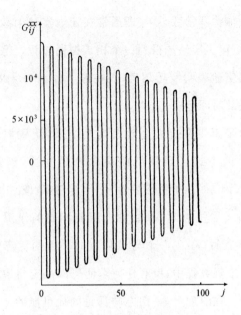

图 6.3　空间相关函数的临界性态

参数值与图 6.2 中的相同，但 $B = 4$。

振荡及时间对称破缺

　　我们前面的考察也能应用到振荡的化学反应问题上。从分子的观点看，振荡的存在是十分出乎意料的。

　　人们可能首先猜测用少数粒子(比方说 50 个)，比

用阿伏伽德罗常数 10^{23}（即通常在宏观实验中涉及的粒子数）可以更容易地得到一个相干振荡过程。但是电子计算机实验表明恰巧相反，仅在粒子数 $N \to \infty$ 时，才趋于"长程"时间有序。

为了至少在定性上理解这个结果，让我们做与相变类比的考虑。当我们使顺磁物质变冷，到达居里点[①]时，该系统的性态发生变化并变得像一个铁磁体。高于居里点时，一切方向起着相同的作用。而低于居里点时，存在一个与磁化方向一致的优惠方向。

在宏观方程中，没有任何东西可以决定将取哪个磁化方向。在原理上，一切方向都是同样可能的。如果铁磁体包含有限个粒子，这个优惠方向最终将不再继续存在，它将会发生转动。然而，如果我们考虑一个无穷系统，那么没有任何涨落能变更铁磁体的方向，长程有序便一劳永逸地被建立起来。

这种情形非常类似于振荡化学反应。人们能够证

①　指磁性材料自发磁化强度降到零时的温度，是铁磁性或亚铁磁性物质转变成顺磁物质的临界值。——本书编辑注

明,当系统转向一个极限环时,平稳概率分布也经历一个结构上的改变。它由单峰分布转向集中在极限环上一个火山湖型的曲面上。像在式 6.22 中那样,当 V 增加时,火山湖变得越来越陡峭,而在 $V \to \infty$ 时,就成为奇异的,而且这里有主方程的一族依赖于时间的解。对任何有限 V,这些解导致阻尼振荡,使得唯一的长时间解保持为定态解。直观地看,意义如下:在极限环上的运动的相位起着与磁化方向相同的作用,它是由初始条件决定的。如果系统有限,涨落将逐渐加剧并破坏相位相干性。

　　另一方面,电子计算机模拟显示当 V 增加时,依赖时间的图式越来越衰减。因此,人们期望在 $V \to \infty$ 时,主方程的依赖时间的整个解族沿极限环旋转。再者,在直观图景中,这意味着在无穷系统中相位相干性可以保留任意长的时间,恰如特定的初始磁化方向能在铁磁体中保持那样。因此在这个意义上,周期反应的出现是时间对称破缺过程,恰如铁磁性是一个空间对称破缺一样。

　　对于与时间无关但与空间有关的耗散结构,可以做同样的考察。换句话说,仅当化学方程刚好有效(即当粒子数很大,大数定律可以应用时),我们可以有相干的非平衡结构。

对于第 4 章使用过的远离平衡条件,一个附加因素是系统的尺度。如果生命的确与相干结构联系着(每一件事都支持这个观点),生命必须是基于很大的自由度的相互作用的一种宏观现象。诸如核酸之类的分子确实起着举足轻重的作用,但是它仅能在具有很大自由度的相干介质中生成。

复杂性的限度

本章所概述的方法可以应用到很多情形。这个方法的一个有趣的特性是它表明涨落的定律显著地依赖标度,这一点十分类似于过饱和气体中的液滴的经典核化理论的情形。在临界尺度(称为"胚胎"尺度)以下,液滴是不稳定的,超过这个尺度,它将长大并使气体变为液体(见图 6.4)。

这样的核化效应也在任何一种耗散结构的形成中

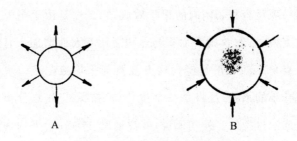

图6.4　过饱和气体中液滴的核化

（A）小于临界尺度的液滴；（B）大于临界尺度的液滴。

出现。我们可以写出其主方程

$$\frac{\partial P_{\Delta V}}{\partial t} = \Delta V \text{ 内的化学效应 + 与外界的扩散}$$

(6.23)

它既考虑到在某一容积 ΔV 内化学反应的效应，又顾及通过与外界的交换而产生的粒子迁移。这个方程的形式是很简单的，当计算容积 ΔV 中平均值 $\langle X^2 \rangle$ 时，人们由式6.2得到两项的和，简式如下：

$$\frac{\mathrm{d}\langle X^2 \rangle_{\Delta V}}{\mathrm{d}t} = \Delta V \text{ 内的化学效应} - 2\mathcal{D}\left[\langle \delta X^2 \rangle_{\Delta V} - \langle X \rangle_{\Delta V}\right]$$

(6.24)

第一项是容积 ΔV 内的化学效应,第二项是由于与外界的交换,系数 $\mathscr{D}$ 随表面积与体积之比变大而增加。有趣之点是第二项正好包含均方涨落与平均值之差。对于充分小的系统,这将是一个优势项,按照式 6.4,分布将变成泊松型的。换句话说,外界通常作为一个平均场而起作用,它通过在扰动区域的边界上发生的相互作用而减弱涨落,这是一个非常一般的结果。在小标度涨落的情形,边界效应将占优势,而涨落将衰退。然而对大标度涨落而言,边界效应可以忽略。在这些极端情形之间,存在着核化的实际尺度。

对于生态学家长期以来所讨论的一个非常普通的问题,即复杂性的限度问题来说,这个结果是有趣的。我们暂时回到第 4 章阐述过的线性稳定性分析,这导致某种色散方程。方程的次数等于相互作用的物种的个数,因此在复杂介质中(例如,一个热带森林或一个现代文明社会),这样的方程的次数肯定是很高的。因此,至少存在一个导致不稳定增加的正根的机会是增大了。然而复杂系统究竟为什么可能存在呢?我相信我们在这里概括的理论给出了解答的开端。方程 6.24 中出现的系数量度了系统与其周围耦合的程度。我们可以期望：在一个很复杂（即有很多交互作用的物种或分量）的系统中，这个系数以及涨落的尺度都将大到足以引起不稳定。因此我们有如下结论：足够复杂的系统一般是处于亚稳态。阈值既依赖于系统的参数，也依赖外部条件。复杂性的限度不是一个单方面的问题。值得指出的是：在核化过程中通过扩散进行的这种传播作用已在最近进行的核化数字模拟中实现。

环境噪声的影响

至今我们只是讨论了内部涨落的动力学。我们看到由系统本身自发产生的这些涨落往往变小，除了系统在分支点附近或者在同时稳定的态的共存域中以外。

另一方面，宏观系统的参数——包括大部分分支参数——是被外部控制的量，从而也受到涨落的控制。在很多情形下，人们遇到剧烈起伏的环境，因此可以预期这些被系统作为"外部噪声"接受的涨落能够深深地影响它的性态。这个观点最近在理论上及在实验上都建立起来了。看来,环境的涨落不但能影响分支,而且更惊人的是,可以产生不能由唯象的演化律预测的新的非平衡相变。

环境涨落的传统研究是起源于布朗运动问题的朗之万(P. Langevin)的分析。他的观点是:描述一个可观察量(设为 x)的宏观演化的速度函数[设为 $v(x)$]仅给出 x 的瞬时速度部分,因为周围环境的涨落,系统还受一个随机力 $F(x,t)$ 的作用,所以 x 作为一个涨落量而被观察,我们写出

$$\frac{\mathrm{d}x}{\mathrm{d}t} = v(x) + F(x,t) \qquad (6.25)$$

如果在布朗运动中,F 反映内部分子间相互作用的效应,人们就要求它依次所取的值在时空上都是无关的。因此,所获得的涨落方差与中心极限定理一致。另一方面,在一个非平衡环境中,涨落剧烈地改变系统的宏观性态。似乎出现这种性态的一个条件是外部噪声以乘法方式作用而不是加法方式作用,即它与态变量 x 的一个函数耦合着,使得如果 x 变为零,它就变为零。

作为一个解释,考察下列修改了的施勒格尔模型

(见式 6.15)：

$$A + 2X \xrightleftharpoons{} 3X, B + 2X \longrightarrow C, \ X \longrightarrow D \quad (6.26)$$

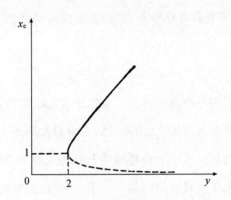

图 6.5　方程 6.28 的平稳解 x_0 与 γ 的关系

实线表示稳定解，虚线表示不稳定解。

令一切速率常数等于 1，且

$$\gamma = A - 2B \qquad (6.27)$$

唯象方程是：

$$\frac{\mathrm{d}x}{\mathrm{d}t} = -x^3 + \gamma x^2 - x \qquad (6.28)$$

在 $\gamma = 2$，有一个稳定的及一个不稳定的定态解，如图 6.5 所示。而且，$x = 0$ 永远是一个解，它在无穷小的扰动下是稳定的。

现在将 γ 看成是一个随机变量。最简单的假设是它对应一个高斯白噪声，正如在布朗运动问题中一样，我们令

$$\langle\gamma\rangle=P,\ \langle\gamma^2\rangle=\sigma^2 \qquad (6.29)$$

现在我们用一个随机微分方程代替了方程 6.28，它是朗之万方程的适当推广，消除了后者的通常陈述中的某些不明确之处。这个方程将噪声与状态变量的二次幂 x^2 耦合起来了。可以将它与一个福克–普朗克型的主方程联系起来，由此可以算出平稳概率分布。结果，在这个分布中，唯象描述的相变点 $\gamma=2$ 不出现，过程肯定达到零并且随后就停在那儿。

在本节开头所提及的噪声效应的实验工作[①]中，所做的安排与方程 6.28 表示的非常类似，只是噪声与一线性项耦合而且在方程 6.28 中还包括一个常数输入项。正如所证明的，对于方差 σ^2 的小值来说，系统（参数振荡回路）显示极限环性态。然而，如果方差超过阈限，则振荡性态

---

① 指 Kawakubo 等人于 1978 年所做的工作。——本书编辑注

消失而且系统转入定态体制。

结　　语

现在,我们已经概述了演化的物理学的主要部分。很多意外的结果已经得到,这些结果扩展了热力学的范围。如前所述,经典热力学与初始条件的被忘却以及结构的被破坏有关。我们现在看到存在另外一个宏观的领域,在那里(在热力学的框架之内),结构可以自发地出现。

宏观物理学中的决定论的作用必须重新评价。在不稳定区附近,我们找到导致概率论常用定律破缺的大涨落。化学动力学的一个新观点已经出现。这些发展的一个结果是经典的化学动力学作为一种平均场理论而出现,但是为了描述相干结构的出现,为了描述由混乱中形成有序,我们必须给出一个新的更精细的时间顺序的描述,这种时间顺序引出了系统的时间演化。然而,耗散结构的稳定还需要极大的自由度。这就是决定论描述盛行于多级分支之间的理由。

　　在最近的几年中，无论存在的物理学还是演化的物理学都有了新的进展。我们可以用某种办法将这两种观点统一起来吗？毕竟大家是生活在同一个世界里，它们的各个方面初看起来尽管不同，但必定有着某种关系。这是我们下面将要讨论的问题。

变化的规律

爱因斯坦的困境

我写这一章是在 1979 年,正值爱因斯坦诞生 100 周年。对于物质的统计理论,特别是对于涨落的理论,谁也没有爱因斯坦的贡献大。通过对玻耳兹曼公式(式 1.10)求逆,爱因斯坦导出了以与之相联系的熵所表示的宏观态的概率。已经证明,这是对整个微观涨落理论(尤其是靠近临界点处)有决定意义的一步。在翁萨格倒易关系(方程 4.20)的证明中,爱因斯坦关系是一个基本要素。

第 1 章中概述的爱因斯坦对布朗运动的描述是"随机过程"的最早例子之一。即使是今天它也远未失其重要性。第 6 章中用马尔可夫链来模拟化学反应,是这同一思想线索的扩展。

最后,是爱因斯坦第一个认识到普朗克常数 h 的普遍意义:它导致了波粒二象性。爱因斯坦关心过电磁辐射问题。而 20 年以后,德布罗意把爱因斯坦关系推广到物质。海森伯、薛定谔等人的工作把这些思想纳入了一个数学框架。可是,如果物质既是波又是粒子,那么经典决定论的轨道概念就失去了作用。结果,只能由量子理论做出统计的预言。直到生命的最后一刻,爱因斯坦仍然否认这种统计的考虑是符合自然界客观特点的。在他给马克斯·玻恩的著名的信中,他写道:

> 你相信掷骰子的上帝,而我却相信客观存在的世界中的完备规律和秩序,而我正试图用放荡不羁的思辨方式去把握这个世界。我坚定地相信,但是我希望:有人会发现一种比我的命运所能找到的更加合乎实在论的办法,或者说得妥当点,会发现一种更加明确的基础。甚至量子理论开头所取得的伟大成就也不能使我相信那种基本的骰子游戏,尽管我充分意识到我们年轻的同事们会把我这种看法解释为衰老的一种后果。

　　为什么爱因斯坦对时间和随机性采取这么坚定的看法？为什么在这些事情中他宁愿在知识界孤立也不做任何妥协呢？

　　在爱因斯坦一生最感人的文献中,有他和挚友密希里·贝索(Michele Besso)之间的通信集。爱因斯坦通常是沉默寡言的,但与贝索之间则是个极特殊的情况。他们年轻时在苏黎世相识,那时爱因斯坦 17 岁,贝索 23 岁。当爱因斯坦在柏林工作的时候,贝索在苏黎世照料爱因斯坦的夫人和孩子。虽然贝索和爱因斯坦之间的交情很深,他们的兴趣却随着岁月的流逝而愈益分离。贝索越来越热衷于文学和哲学,热衷于人类存在的真正含义。他知道,要想得到爱因斯坦的响应,必须涉及科学性的问题,但他的兴趣却越来越岔向别的地方。他们的友情延续了一辈子,爱因斯坦于 1955 年逝世,贝索仅比爱因斯坦早 1 个月。我们在这里感兴趣的主要是他们通信中的最后一部分,即 1940 年至 1955 年之间的部分。

　　在这期间,贝索一而再、再而三地提出时间的问题。什么是不可逆性？它与物理学基本定律的关系怎样？而爱因斯坦一次又一次耐心地回答：不可逆性是一种幻觉，一种主观印象，来自某些意外的初始条件。贝索对这样的回答始终不满意。他的最后一篇科学论文是投给在日内瓦出版的《科学文献》(*Archives des Sciences*)的。在80多岁高龄时，他提出一种尝试，想调和广义相对论与时间的不可逆性。爱因斯坦不同意这一尝试，他写道："你是站在光滑的地面上。在物理学的基本定律中没有任何不可逆性，你必须接受这样的思想：主观的时间，连同它对'现在'的强调，都是没有任何客观意义的。"当贝索去世的时候，爱因斯坦写了一封动人的信给贝索的妹妹和儿子："密希里早我一步离开了这个奇怪的世界。这是无关紧要的。就我们这些受人们信任的物理学家而言，过去、现在和将来之间的区别只是一种幻觉，然而，这种区别依然持续着。"

爱因斯坦相信斯宾诺莎(Spinoza)的上帝，一个等同于自然的上帝，一个最高理性的上帝。在他的概念中没有什么地盘留给自由创造，留给偶然性，留给人类的自由。任何偶然性，任何随机性，看来像是存在着，但只是表面上的。如果我们设想我们的行动是自由的，那么这只是因为我们还不知道这些行动的真正原因。

我们今天立于何处？我相信，已经取得的主要进步是：我们开始看到，概率性并非一定和无知连在一起，决定论描述与概率论描述间的距离并没有爱因斯坦及其绝大多数同时代人所认为的那样大。彭加勒早已指出，当我们通过掷骰子和用概率去预言结果的时候，我们并没有轨道概念不适用了的意思。更确切些说，对于这种类型的系统，在每个足够小的初始条件范围内，总有同样多的轨道通到骰子的每一面上。这是已被反复讨论过的动力学不稳定性问题(见第二、三、七、八章)的一种简单的说法。在回到这一问题之前，让我们先概述一下已经描述过的变化的规律。

时间和变化

在第 1 章，我给出了用了几十年时间发展起来的描述变化的方法。基本上，可以分为三种类型：处理平均值演化的宏观方法，如傅立叶定律、化学动力论等；统计的方法，如马尔可夫链；以及经典力学或量子力学。

最近几年,出现了某些十分意外的特点。首先,宏观的描述,特别是对非线性的远离平衡情况的描述,出乎预料地多。第 5 章中讨论的反应扩散方程已经很好地说明了这一点。甚至简单的例子也可以导致多级分支和多种时空结构。这极大地限制了使宏观描述一致起来的能力,并且表明它本身不能对时间的演化提供一个一致的描述。事实上,图 5.2 中表示的所有不同分支都满足适当的边界条件(同势理论中的经典问题正相对照,在经典问题中,对于给定的边界条件,存在着唯一的解)。此外,宏观方程没有提供关于在分支点将发生什么的信息。在给定的分支历史之后,级分系统将是什么呢?

因此,我们必须转向统计的理论,如马尔可夫链。但这里也出现了一些新特点。特别重要的有涨落和分支间的密切关系,它大大修改了概率论的经典结果。在靠近分支点处,大数定律不再适用,概率分布的线性主方程解的唯一性丧失。

统计方法和宏观方法之间的关系却是清楚的。正是当平均量不满足封闭方程时(这在靠近分支点时发生),我们必须利用统计理论的全部手段。但是,宏观方法或统计方法与动力学方法间的关系始终是一个让人感兴趣的问题。这一问题在过去已被从许多角度考虑过。例如阿瑟·爱丁顿(A. Eddington)在他出色的《物理世界的本质》(*The Nature of the Physical World*)一书中引入了"第一性规律"和第二性规律之间的区别。前者控制单个粒子的行为,后者(诸如熵增加原理)只适用于原子或分子的集合。

爱丁顿充分地认识到熵的重要性,他写道:"我想,从科学的哲学的观点来看,与熵相联系的概念应被列为19世纪对科学思想的巨大贡献。它标志着一种反动,即对那种认为科学必须注意的每件事都是通过对客体的微观剖析而发现的观点的反动。"

"第一性"规律如何能与"第二性"规律共存? 爱丁顿写道:"量子理论现在强迫我们去重新建立物理学的体系,如果在重建过程中,第二性规律变成基本的,而第一性规律被扬弃,人们并不会感到惊奇。"

当然,量子理论起着作用,因为它强迫我们放弃经典轨道的概念。但是从和第二定律相关联的观点来看,我们已反复讨论过的不稳定的概念似乎具有基本的重要意义。这时,微观水平上的带有"随机性"的运动方程的结构作为宏观水平上的不可逆性而出现。在这种意义上,不可逆性的含义早已被彭加勒预料到了,他写道:

> 最后,用普通的语言来说,能量守恒定律(或克劳修斯原理)只能有一个意义,就是说:对于所有可能情形存在着一种共同性质;但关于决定论假说,只存在一种可能性,而这个定律不再有任何意义。另一方面,关于非决定论假说,即使是在绝对的意义上,它也会有一个含义;它将作为强加在自由身上的限制而出现。不过这些字句提醒了我:我现在扯远了,我正处在离开数学和物理学领域的位置上。

彭加勒对基本的决定论描述的信念建立得太牢固了,以致无法认真地去考虑对自然界的统计描述。对于我们来说,情形完全不同了。在上述引文写成之后许多年,无论是在微观水平上还是在宏观水平上,我们关于对自然的决定论描述的信念已经动摇。我们绝不再从这种大胆的结论上退缩!

此外,我们看到,我们的观点在某种意义上使得玻耳兹曼和彭加勒的结论调和起来。玻耳兹曼,一位敢于革命的物理学家,他的思想建立在非凡的物理直觉上,他猜测到的那类方程能在微观水平上描述物质演化,还能显示不可逆过程。彭加勒,以他深刻的数学眼光,不满足于仅仅是直觉的论据,可是他清楚看到的仅仅是找到一个解的方向。我相信,本书中概括的方法(见第 7 章、第 8 章和附录)建立了在玻耳兹曼伟大的直觉工作和彭加勒的数学化要求之间的联系。

这个数学化使我们得到了关于时间和不可逆性的一个新概念,现在我们就来讨论这一新概念。

作为算符的时间和熵

第 7 章的大部分篇幅用来讨论过去为定义微观水平上的熵而完成的某些最有意义的尝试,其中强调了玻耳兹曼以他的 H 函数(式 7.7)的发现为顶点的对这一课题的基本的贡献。可是,无论其他的评价如何,与彭加勒描述的观察相吻合，玻耳兹曼的 H 定理不能被认为是由动力学"导出"的。H 定理是在玻耳兹曼动力方程的基础上导出来的。玻耳兹曼的动力方程并不具有经典力学的对称性（见第 7 章中《玻耳兹曼动力论》一节和第 8 章中《新的变换理论》一节），虽然玻耳兹曼方程在历史上有其重要性，但它至多只能被认为是一个唯象模型。

即使把熵和一个微观相函数（在经典力学中）或一个厄米算符（在量子力学中）联系起来对系综理论加以扩充，系综理论也不会带给我们更多的东西。第 7 章中"吉布斯熵"和"彭加勒–米斯拉定理"的两节描述了这些否定的结论。

除了接受不可逆性来自"误解"或来自在经典力学或量子力学上加上补充近似的观点以外，留给我们可能的余地非常少了。

然而已经出现了另外一个根本上不同的方法[①]：即把一个我们称为 M 的微观熵算符与宏观熵（或李雅普诺夫函数）联结起来的思想。

_____

① 这里我们只做些初步的说明，系统的论述可在第 10 章中找到。

　　当然,这是一个重大的步骤:我们在经典力学中已经习惯于考虑作为坐标①和动量的函数的可观察量,还有在经典和量子系综理论中引入的刘维算符 L 为我们迈出有着完全不同本质的新的一步做了准备。真的,虽然"基础的"理论是依据轨道或波函数,系综理论是作为一种"近似"来考虑。随着算符 M 的引入,情形变得迥然不同,它是通过一束轨道或分布函数来描述的。分布函数变成基本的,不再进一步约化为单个轨道或波函数。

　　熵的时间作为算符的物理意义将在第 10 章以及附录中讨论。因为算符首先是通过量子力学引进物理学的,在大多数科学家的心目中,对算符的出现与包含普朗克常数 h 的量子化之间的密切联系仍有印象。然而,把算符与物理量相联结有与量子化无关的十分广泛的意义,它意味着:由于某种理由,或者因为在微观水平上的不稳定性和随机性,或者因为量子"相关",基本上应放弃用轨道所做的经典描述。

---

　　① 　原文为 correlations,疑为 coordinates 之误。——译者注

对于经典力学来说,我们可以用如下的方式把这情形表达出来。通常的描述(图 9.1A)是通过哈密顿方程(式 2.4)产生的轨道或轨迹。另一个描述(图 9.1B)是通过分布函数(式 2.8)产生的,它们的运动是由刘维算符决定的。

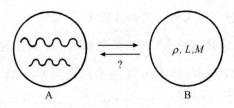

图 9.1

仅当在每一时刻我们都不能从一个描述转变到另一个描述时,这两个描述才能是不相同的。其物理原因我们已在第 2 章《弱稳定性》一节中做了讨论。完成一个任意的但是有限精度的实验只是使我们识别相空间中系统可能定域的某些有限区域。于是,问题在于我们是否能至少在原则上完成一个极限转变过程,即如图 9.2 所示的,从这个区域到一点 P,到对应于一个确定轨道的 δ 函数的转变过程。

　　这是与我们在第 2 章讨论过的弱稳定性有关的问题。当相空间中每个不管多么小的区域都具有多种轨道时,这个极限过程变得不可能实现。于是,微观描述变得非常"复杂",以致我们无法用分布函数去处理。[①]现在我们知道,有两种类型的动力学系统是这样的——具有充分强的混合性质的系统和表现出彭加勒突变的系统(见第 2 章、第 7 章以及附录 A 和 B)。其实,除了少数"学院式"的例子,几乎"所有的"动力学系统都应归入这些类型之中。下一节我们再回到这个问题上来。

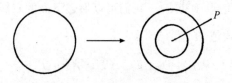

图 9.2

　　人们会担心经典物理学或量子物理学的"自然极限"会导致它们的预言能力下降。以我的见解,这个倒

---

　　① 我们将在第 10 章中看到,导出宏观水平上热力学的那种微观描述是一个非局域性的描述。代替时空中的点,我们必须考虑所谓"区域",它们的扩展与运动不稳定性有关。

退是正确的。现在我们能做出关于分布函数的演化的叙述,它越出关于单个的轨道能说些什么的范围,新的概念出现了。

在这些新概念中,最使人感兴趣的是微观熵算符 M 和时间算符 T。我们在这里讨论的是一种"第二"时间,即一个与经典力学或量子力学中的时间迥然不同的内部时间,在经典力学或量子力学中,时间不过是轨道或波函数的标记。我们已经看到这个算符时间满足一个与刘维算符 L 的新的测不准关系(见方程 8.22,第 10 章以及附录 A 和 C)。我们可以通过下面的双线性形式来定义均值 $\langle T \rangle$ 和 $\langle T^2 \rangle$:

$$\langle T \rangle = \mathrm{tr}\rho^{\dagger}T\rho, \ \langle T^2 \rangle = \mathrm{tr}\rho^{\dagger}T^2\rho \qquad (9.1)$$

足以使人感兴趣的是,"普通"的时间——动力学的标签——变成了这个新的算符时间的平均值。实际上这是测不准关系(式 8.22)的一个结果,式 8.22 含有

$$\frac{\mathrm{d}}{\mathrm{d}t}\langle T \rangle = \frac{\mathrm{d}}{\mathrm{d}t}\mathrm{tr}[(\mathrm{e}^{-\mathrm{i}Lt}\rho)^{\dagger}T\mathrm{e}^{-\mathrm{i}Lt\rho}]$$

$$= \mathrm{itr}[\rho^{\dagger}\mathrm{e}^{\mathrm{i}Lt}(LT - TL)\mathrm{e}^{-\mathrm{i}Lt}\rho]$$

$$= \mathrm{tr}\rho^{\dagger}\rho = 常数 \qquad (9.2)$$

通过适当的归一化,我们可以使这个常数等于1,因此我们看到

$$dt = d\langle T \rangle \qquad (9.3)$$

在这个简单情形中,平均内部时间 T 和以 t 度量的天文时间保持同步(又见第 10 章)。但是,这不应引起任何混淆:当时间 T 出自动力学系统的运动不稳定性时,它具有根本不同的特点。它与普通时间的关系是从这样的事实中得出的:它的本征值是能够从常规钟表上读出的时间(见第 10 章和附录 A)。

我们看到了这个新的方法怎样深刻地改变了我们关于时间的传统看法,传统的时间现在作为对系综的"单个时间"所取的一种平均值而出现。

描述的级别

长期以来,经典力学(或存在的物理学)的绝对可预言性被认为是物理世界科学图像的一个基本要素。特别引人注目的是:近代科学度过了三个多世纪[把牛顿

向英国皇家学会提出他的《原理》(*Principia*)①的 1685年看作是近代科学的诞生年代,看来确实是合理的]之后,这个科学图像,已经向着一个新的更加精巧的概念转变,在这新的概念中,决定论的特点和随机的特点两者都扮演着基本角色。

让我们只考虑玻耳兹曼对热力学第二定律所做的统计表述,在这个表述中概率的概念第一次起了根本的作用。我们还有量子力学,它坚持决定论,不过它所在的理论框架涉及的是具有概率论内容的波函数。这样一来,概率第一次出现在基本的微观描述中。

这个演变现在仍然继续着。我们不仅在宏观水平上的分支理论中,而且在甚至是由经典力学所提供的微观描述中,都找到了基本的随机因素。如我们已看到的,这些新的因素最终引出了时间和熵的新概念,引出了尚需探讨的结果。

值得注意的是:经典动力学、统计力学和量子理论

---

① 牛顿的《自然哲学之数学原理》中译本由北京大学出版社出版。
——本书编辑注

可以从爱因斯坦和吉布斯引入的系综观点开始讨论。当不再能实现从一个系综到一条单个轨道的转变时,我们得到了不同的理论结构。这当中我们从这个系综的观点讨论了经典动力学,作为弱稳定性的一个结果,还特别讨论了经典动力学向统计力学的转变。我们也提到过:普适常数 h 的存在把相关引入了相空间并阻止了从系综到单个轨道的转变(进一步的详细论述在附录 C 和 D 中给出)。这些结果可示如下:

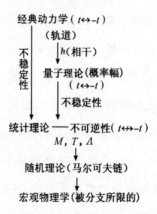

我们开始有可能把本书中反复讨论过的各种级别的描述并列起来。

将来还可能出现新的观点和补充的分类法。但我们现在的图式并不是空的,并且已把某些统一的特点带进了理论物理学的结构中。

这里对与不稳定性相联系的动力学复杂性的一些评论看来是恰当的。在经典动力学中,至少可以想象出某些时间可逆($t \leftrightarrow -t$)的简单情形。只要一考虑化学过程,这就成为不可能的了(考虑生物过程更是如此),因为化学反应总是——几乎是按照定义——与不可逆过程相联系的。此外,扩展我们感官能力的测量必然包括某些不可逆性的因素。因此,自然定律的这两种表述(一种对 $t \leftrightarrow -t$ 的表述,一种对 $t \nleftrightarrow -t$ 的表述)同样都是基本的。我们两者都需要。确实,我们可能把轨道(或波函数)的世界看作是基本的。按照这种看法,新的表述是在引入补充假设时得到的。但是我们也可以把不可逆性作为我们描述物理世界的基本因素。按照这种看法,轨道和波函数的世界反过来对应于十分重要的理想化,但它们缺乏基本的要素且不能被孤立地研究。

我们已经到达一种自洽的图景,我们将对它进行稍为详细的描述。

过去和将来

一旦我们能在动力学上加上一个李雅普诺夫函数，将来与过去便能区别开来，确实如同在宏观热力学中那样，将来是和较大的熵相联系的。然而还有必要做一些告诫。我们可以构造一个李雅普诺夫函数，它随时间"流"单调地增加，或构造另一个李雅普诺夫函数，它随时间流单调地下降。用更为专门的术语来说，从对应于一个动力学群的图 9.1A 所表示的情形到以一个半群所描述的图 9.1B 所表示的情形的转变，能够以两种方式来完成：在一个描述中，平衡是在"将来"达到的，在另一个描述中，平衡是在"过去"达到的。换句话说，动力学的时间对称可以用两种方法来破坏，然而，如何去区分这两种方法，则是个难题。

甚至当我们研究动力学的时间反演定律时，我们区别过去和将来——比如说，分清是对月球位置的预言还是对其过去位置的计算。这种过去和将来的区别在某种意义上是先于科学活动的某种"原始概念"。这一点只能得自经验。只有当在自然界中找到(或被人们制备出)其时间反演(或速度反演)是被禁止的情形时,把物理世界描述为一个"半群"才是有意义的。定性地讲,一个半群"面向"未来,是指在 $t \to +\infty$ 而不是 $t \to -\infty$ 时,态变化到平衡态。因此这个半群的选择关系到所谓"选择规则"的存在。我们将在第 10 章详细讨论这些事情。我们属于面向未来的半群。这样,我们达到一个自洽的图式,如下:

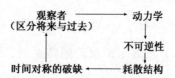

我们始于观察者,即一个区别过去与将来的活的组织,而止于耗散结构,正如我们已看到的,它包含一个"历史的维数"。因此,我们现在能把我们自身看作是耗散结构的一种演化形式,并能以"客观的"方式证明我们当初引入将来与过去的区别是合理的。

另外在这种观点中,没有任何一种级别的描述能被当作是基本的。简单动力学系统的行为并不比相干结构的描述更基本。

请注意,从一个级别到另一个级别的转变包含一个"对称性破缺"。通过动力方程描述的微观级别上的不可逆过程的存在破坏了正则方程的对称性(见第 8 章),而耗散结构本身又可能破坏空间—时间的对称性。

正是这样一个自洽体系存在的可能性意味着存在非平衡过程,从而又暗含了一幅物质宇宙的画像,因为某些宇宙学的原因,这幅图像提供了环境的必要模式。虽然可逆过程与不可逆过程的区别是一个动力学的问题,而且并不涉及宇宙学的论据,但生命的可能性,观察者的活动,却不能从我们恰好身在其中的宇宙环境中分离出来。不过,在宇宙尺度上的不可逆性是什么?我们能否在引力扮演着一个基本角色的动力学描述的框架中引入一个熵算符?这是些难以解决的问题——但如我们将在第 10 章末尾看到的那样,某些令人感兴趣的说明是有可能做出的。

开放的世界

经典物理学洞察力的基础是相信未来由现在决定,

因此仔细地研究现在就可以揭示未来。但是这从来就只是一个理论上的可能性而已。不过，在某种意义上，这个无限的可预言性曾是物质世界科学图像的一个基本要素。我们甚至可以把它称作经典科学奠基的神话。

如今，情况发生了很大变化。值得注意的是这个变化基本上是因为我们较好地认识了由于必须考虑观察者的作用而造成的测量过程的极限。在20世纪物理学发展中产生的大多数基本思想当中，这是一个经常出现的主题。

1905年，在爱因斯坦关于时空的分析中，这个主题就出现了。这当中，信号传播速率小于真空中的光速的极限起着这样一个基本的作用。当然，假设信号可用无限速率传播并非不合逻辑，这种伽利略的时空概念似乎与多年来收集的大量的实验信息相矛盾。把我们作用于自然方法的极限考虑进来已经成了取得进展的一个基本要素。

在过去50年的科学文献中，观察者在量子力学中的作用是一个经常出现的主题。无论将来会有什么样的进展，这个观察者的作用是基本的。那种假设物质的性质与实验仪器无关的经典物理学的朴素的实在主义必须加以修正。

另外,在本书中所描述的进展表明了类似的发展趋势。理论上的可逆性来自在经典力学或量子力学中采用的理想化,这种理想化超出了进行任何有限精度测量的可能性。我们所说的不可逆性是那些对观察的极限和本质做适当解释的理论的特点。

在热力学形成的时候,我们发现了表达一定的转变的不可能性的"否定式"的叙述。在许多教科书中,热力学第二定律被表述为使用单一热源不可能把热转变为功。这种否定式的陈述属于宏观世界——在某种意义上,我们还在微观水平上探索了它的意义,正如我们看到的,它成为关于经典力学或量子力学的基本的概念实体的可观察性的一种表述。正如在相对论中那样,一个否定式的陈述并不是问题的终结;它反过来将引出新的理论结构。

在新近的演变中,我们丧失经典科学的基本因素了吗?决定论的规律的局限性的增强,意味着我们从一个封闭的、一切都是给定的世界走向对涨落对变革是开放的新世界。

对于经典科学的大多数奠基者——甚至爱因斯坦——来说，科学乃是一种尝试，它要越过表面的世界，达到一个极其合理的没有时间的世界——斯宾诺莎的世界。但是，也许有一种更为精妙的现实形式，它既包括定律，又包括博弈；既包括时间，又包括永恒性。我们所处的 20 世纪是一个探索的世纪：人们探索着新形式的艺术、音乐、文学，以及新形式的科学。现在，在接近这个世纪末的时候，我们仍无法预言这个人类历史的新篇章将通往何处，但可以肯定，它已经形成了人与自然界之间的新的对话。

不可逆性与时空结构

时空的新结构

把第二定律概括成一个基本的动力学原理,这对我们关于时间、空间和动力学的概念有着深远的影响。只要第二定律适用,我们就可以定义一个新的内部时间 T,使我们能够表述对称的破缺,而对称破缺正是第二定律的发源点。这个内部时间仅存在于不稳定的动力学系统中。对于像用面包师变换描述的那些情形①,内部时间的平均值 $\langle T \rangle$ 与动力学时间保持同步。但是,即使在这样的场合,也不能把 T 和 t 混淆起来。我们可以用钟表来测量我们的平均内部时间,但这两种概念完全不同;动力学时间标志着经典力学中点的运动,量子力

---

① 见于原书第 8 章《不可逆过程的微观理论》及原书附录 A 等。——本书编辑注

学中波函数的运动。但只是在强得多的条件下（如运动的不稳定性），我们才能赋予这个系统一个内部时间。

为了谈及物理系统的变化，我们必须给它们某个宏观尺度上的熵产生，或者利用本章所介绍的概念对这个变化进行微观尺度上的讨论。这个不可逆性的因素经常通过测量过程进入量子理论——但对不可逆性给出一个内在的描述，使时间变化映射到半群中去，看来更令人满意得多。热力学第二定律作为一个选择原则所起的作用，应当在广义相对论的发展中有特殊的益处，在那里，它应当导出一个对物理上可变时空的选择。众所周知，广义相对论建立在四维间隔 dS^2 的基础上。但是，描述这个间隔的特殊的时空坐标却被认为是任意的。一个很自然的附加要求是，时间坐标 t 应该是这样的，使得在使用这个时间时，熵是增加的。最近，洛克哈特（Lockhart）、米斯拉（Misra）以及我研究的一个例子说明：对于一个具有负曲率的空间超表面的宇宙模型，有可能引入一个与通常宇宙时间密切相关的内部时间。但是在一般情形中这是不对的。例如在格德尔（Gödel）的著名宇宙模型中，始终沿着时间增加方向的观察者能够重新进到该宇宙本身的过程中去。

我们在第 9 章中已经提过爱因斯坦的困境,他勉强地把不可逆性当作物理学的一个基本事实。但是,在他对格德尔文章所撰写的评论中说出了他的怀疑:格德尔的没有时间的宇宙可能对应于我们所居住的宇宙。爱因斯坦写道:"我们不能把电报拍到我们的时间里面去",而且,

其中,根本的问题是:在热力学的意义上,发送信号是一个不可逆过程,一个与熵的增长相联系的过程(但根据我们现有的知识①,一切基本过程都是可逆的)。

在这里,有趣的是,爱因斯坦也没能避免把不可逆性看作是我们宇宙图景的一个组成部分。我们希望在另外的地方更详细地讨论这些问题。在理性思想萌芽之际,亚里士多德已经区分出作为"运动"(kinesis)的时间和作为"产生与消亡"(metabole)的时间。前者是动

———————

① 爱因斯坦的原文中有加重符号。

力学所研究的方面,后者是热力学所研究的方面。我们已经更加接近了把这两方面都协调地包括在一起的描述。要描述像测量的那种特殊动作的基本过程,这是很有必要的。

测量过程相应于人与其周围世界相互作用的一种特殊形式。要对这种相互作用进行更为详细的分析,必须考虑到,活的系统,包括人,有一个破缺的时间对称性。我们可能与同样具有破缺对称性的其他客体(或活的东西)进行相互作用,但我们也可能与时间对称的客体进行相互作用。就是说,我们可能在一个封闭的容器中制备一种液体,然后等该系统达到平衡态。假定在平衡态细微的均衡是有效的,那么这样一个系统可以表现出没有任何优惠的时间方向。但是,当我们控制这个系统(例如加热一部分而冷却另一部分)时,我们打破了这个时间对称性,且在某种意义上把我们的破缺的时间对称性传给了该系统。

生命导出生命,这是习惯的说法。在同样的意义上,不可逆性也可以被人的活动所传递。

不可逆性的微观理论不仅导出对时间与物质的关

系以及时间与性质变化的关系这两个方面的更好解释，而且它还引出关于时空连续流真正结构的一种修正的看法。通常的时空轨道的概念在应用于不稳定系统时产生了严重的困难，我们可能已在面包师变换的情形中看到了这一点。当我们用无穷序列

$$\{u_i\} = \cdots u_{-3}, u_{-2}, u_{-1}, u_0, u_1, \cdots \quad (10.54)$$

表示一个点时，面包师变换导出如下移动

$$u'_i = u_{i-1} \quad (10.55)$$

只要序列 $\{u_i\}$ 是周期性的，面包师变换就产生也是周期性的轨道。这对一切有理数都是成立的。相反，无理点则导致覆盖整个相空间的遍历轨道。因此，一条具体轨道的性态高度敏感于初始条件。人们常说到轨道的随机性，但是，当我们通过 Λ 走向一个非局域性描述时，可以说我们是用"小"区域的性态代替了轨道的性态。和轨道描述相反，这种描述是稳定的。所有的区域均被分成越来越细的最终覆盖整个相空间的区域。

这是非常本质的一点。向半群的过渡已经把动力学系统的轨道随机性一笔勾销。这一点与出现在宏观层次上的实验情形是完全一致的。这并不意味着一切

随机性均被消灭了。相反,在现在,人们对"混沌吸引中心"有着更大的兴趣。这里,宏观轨道仍然保持着大量的随机性,这些随机性可能还是用李雅普诺夫函数来表征的。我们将在《结语》一节中再回过头来讨论这个随机性的"层次"结构。

结　语

从经典的观点来看,初始条件是任意的,只有把初始条件与最终结果连接起来的规律才具有内在的意义。

如果真是这样,那么"存在"的问题除了在其制备时所包括的任意性之外就失去任何意义。但是这个初始条件的任意性对应于一种高度理想化的情形,这种情形我们的确可以随着我们的意愿去制造。当我们取复杂系统时,无论它是液体,还是更为复杂的某种社会情形,初始条件只服从于我们的任意性,但是这些初始条件是该系统先前变化的结果。

仅仅是在这种情形下,"存在"和"演化"的关系问题才获得意义。(在谈到内部时间时)我们可以定义时间对称的态和具有破缺的时间对称性的态。现在我们要求在我们可以制备或观察的态同支配其变化的规律之间的协调一致。确实,我们进行制备或观察时的时间没有任何优惠的意义。因此一个对称的态应当出自另一个对称的态,且在被变换以后,随着时间的推移,进入一个对称的态。同样,一个具有破缺对称性的态应该出自一个属于同一类型的态,并且被变换成同一类型的态。

态的性质的不变性导出了态与规律之间的密切关系。或者用更带有哲学味的术语来说,它导出"存在"和"演化"间的密切关联。这样,"存在"与态联系起来,"演化"与变换这些态的规律联系起来。

从逻辑的观点看,"存在"与"演化"的问题至少有两个可能的解。在第一个解中,任何内在的时间因素都被消灭了。于是"演化"仅仅是"存在"的展开。

第二种解同时在存在和演化中引入了一个时间的破缺对称性。不过,存在和演化问题的这个解还不仅仅是一个逻辑上的解,它还包含了一个实际的成分。确实,只要我们一问"存在"或"演化"的含义,我们就已经通过这个问题引入了时间的方向。因此,只有向我们开放的那个解,才是与破缺时间对称性相联系的解。

注意,只有在热力学第二定律成立的世界中,上述存在与演化之间的关系才有意义。我们已经看到,热力学第二定律适于这样的系统,它们提供了足够级别的不稳定性。不可逆性与不稳定性是密切关联的:只是因为明天没有被包含在现在之中,才使不可逆的、有方向的时间得以出现。

因此我们得到结论,破缺的时间对称性是我们认识自然的一个根本要素。简单的音乐经验可以说明我们这句话的含义。我们可以在一个给定的时间间隔,比如说一秒内,演奏出一个声音的序列,从最弱音开始,以最强音结尾。我们可以用倒过来的顺序演奏这同一序列。显然,听到的印象是极不相同的。这只能说明,我们有内部的时间之矢,因而能区分出这两种演奏来。按照我们已在本书中概括的观点,这个时间之矢没有把人与自然对立起来,相反,它强调把人类嵌入变化的宇宙之中,而我们在一切层次的描述中发掘着这个变化的宇宙。

时间不仅是我们内部经验的一个基本的成分和理解人类历史(无论是在个别人,还是在社会的水平上)的关键,也是我们认识自然的关键。

从现代意义上说,科学至今已有三个多世纪的历史了,我们可以区分出两个阶段,科学把我们带到物质存在的自然界的一个完全确定的映象上:

第一个是牛顿的阶段,伴随着他那由不变的物质和运动态所组成的世界观,伴随着这样的一个概念,其中物质、空间和时间是无联系的,因为时间和空间都好像是被动的物质容器。

第二个阶段是爱因斯坦达到的。也许广义相对论的最伟大的成就就是时空不再与物质无关。时空本身就是由物质产生的。然而在爱因斯坦的观点里,把时空的局域性概念保持为该理论的一个组成部分仍是必要的。

现在,我们开始到达第三个阶段,这个时空局域性得到更为彻底的分析。令人惊奇的是,对时空微观结构的这个质问来自完全不同的方向:一个是量子论;一个是我在本书中力图说明的不可逆性的微观理论。而且,不可逆性,即时空中所含有的活动性,改变了时空的结构。时空的静态的内涵被所谓"空间的时间作用"这个更为动态的内涵所代替。

值得一提的是,我们看到了某些最近的结论与如伯格森、怀特海和海德格尔等哲学家的预期有多么接近。主要的区别是,在他们看来,这样的结论可能只是由于与科学的冲突而得到的;而我们现在把这些结论看作可以说是从科学研究的内部得出的。

怀特海在他的基本著作《过程与实在》中强调,只有时空局域性是不够的,物质嵌入到影响的流中是根本的。怀特海强调,没有活动性,就不可能定义任何实体,任何的态。没有任何被动的物质能够导出一个有创造性的宇宙。

海德格尔的有影响的书《存在与时间》,其题目本身就是一个表白,它强调了海德格尔反对没有时间的存在概念,它代表了从柏拉图开始的西方哲学的主流。斯坦纳(Steiner)在对海德格尔的评论中出色地概括道:"有人性的人和自觉不是中心,不是存在的估价者。人只是一个受优惠的收听者和存在的响应者。"

我十分懂得,甚至对这些最近的倾向的某些最突出的方面,本书的描述也是很不够的。不可逆性不仅存在于动力学系统的层次上,它还存在于宏观物理学的(即湍流)的层次上,或生物界,或社会中。因此我们察觉到内部时间的一个完整的层次结构。一方面,我们作为实体是一些对立行动的结果,不过可能由某单个的内部时间来表征。另一方面,作为集体的一员,我们属于我们参与的内部时间的一个更高的"层次"。看来,闵可夫斯基在其《真实的时间》中所很好描写的我们的许多问题,很可能都来自我们内部的内部时间尺度与我们外面的外部时间尺度这两者之间的冲突。

无论如何,这个新形势可能要导出科学与人类其他文化对象之间的新桥梁。世界既不是一个自动机,也不是一片混沌。它是一个具有不确定性的世界,但也是这样的一个世界,其中个别的行动并非注定是无意义的。它不是用单个的真理所描述的世界。因此我觉得,令人感到非常满意的是:科学能帮助我们建立起桥梁,并且把对立的东西调和起来而不用否定它们。

下　篇

学习资源
Learning Resources

扩展阅读

数字课程

思考题

阅读笔记

扩展阅读

书　名：从存在到演化（全译本）

作　者：［比利时］普里戈金　著

译　者：沈小峰 曾庆宏 严士健 马本堃　译

出版社：北京大学出版社

全译本目录

数字课程

请扫描"科学元典"微信公众号二维码,收听音频。

思考题

1. 普里戈金因为什么科学成就获得 1977 年诺贝尔化学奖?

2. 在日常生活中,你是怎样理解时间概念的?

3. 牛顿力学、量子力学和相对论力学中描述的"时间"各有什么特点? 热力学第二定律中描述的"时间"有什么特点?

4. 普里戈金曾经打算把《从存在到演化》这本书取名为"时间——被遗忘的维数",为什么说这个维数"被遗忘"了?

5. 查阅资料,了解非平衡系统热力学及其主要特点。

6. 什么是"平衡结构"? 什么是"耗散结构"? 在宏观现象中,这两种结构的根本区别是什么?

7. 系统从无序状态过渡到耗散结构的两个必要条件是什么?

8. 普里戈金把物理学分为"存在的物理学"和"演化的物理学",他是基于什么想法做出这样的分类的?

9. 普里戈金是如何构建从"存在"到"演化"的桥梁的?

10. 如何理解诺贝尔奖颁奖词中普里戈金所"创立的理论,打破了化学、生物学领域和社会科学领域之间的隔绝,使之建立起了新的联系"这句话的含义? 试举例说明。

阅读笔记

科学元典丛书

已出书目